逻辑思维极简工作法

麦肯锡教你快速解决难题

McKinsey

必ずできる

[日]山梨广一　著

金磊　译

中国友谊出版公司

前 言

解决问题从转变思维开始

商务人士每天都有各种各样的问题要解决。

“思考能达成既定目标的方案”“解决已经发生的问题”“想出新的创意想法”等，这些都是非常具有代表性的问题。人们每天在工作中都要面对各种各样的业务，必须妥善地处理，同时还要达成预期的目标，而商务人士所面对的问题远不止于此。

现今，日本社会也正面临着很艰难的状况，“少子化”“高龄化”问题、人口的减少、各个层面两极分化的问题、地方经济疲软等，可以说当下的大环境很难让人保持一种乐观的心态。

不仅仅是国家层面，就企业来说，同样置身于严峻的环境之中。

环境保护问题、对社会的贡献、实现多样化的工作方式等都是企业要面对的课题，同时企业在这些方面的成本投入不断增加。虽然日本经济借着2020年举办东京奥运会、残奥会的东风勉强有了些起色，但是等奥运会一过，风向重新转为“逆风”的可能性也是很高的。

日本国内市场已经趋于成熟，很多行业的市场规模不但没有扩大，反而在不断缩小。与此同时，顾客的消费却在不断升级。很少有哪家企业能够躲得开“全球化”与“数字化”浪潮带来的激烈竞争。

此外，任何一家公司作为一个组织，都有很多要完成的任务，发展战略、全球化、培养创业人才等，都是让人不得不认真考虑的艰难课题。

但是，常言道“说起来容易，做起来难”，这也是很多企业，乃至整个日本所直面的现状。

将“思维模式”从否定切换成肯定

我们常常在不知不觉间养成了一些思考方式上的坏习惯。比如：我们总是基于既有想法思考问题的“先例原则”；一上来就认为“做不成”的“否定式思维”；思路总是停留在对状况的分析层面上，却提不出新方案的“评论型思维”，等等。

我们身处在如此严峻的形势中，这些思维上的坏习惯，只会让人看不见未来与希望，甚至变得更加悲观。如果我们面对堆积如山的问题时，总是以否定式思维进行分析，会让我们的思考范围变得狭窄，也就不太可能产生更多的可能性。

正因如此，现在是时候转变我们的思维模式了。

重要的不是“问题有很多”“情况多么严峻”，而是要思考“下一步该怎么做？”面对这个问题时，我的回答是要以“有志者事竟成”为前提进行思考，这也是本书要介绍给大家思考问题的思维方法。

我年轻的时候，也曾是那种凡事都以否定式思维思考的人，总是只停留在“对问题的分析”层面上。

当时我在一家制造企业工作，每次的思考都止步于“分析结果，从中找出问题”，还抱着“挑毛病”的态度去审视他人所提出的方案，常常摆出一堆“做不成的理由”。

后来，我进入麦肯锡公司工作，成为合伙人后，被外派到伦敦工作了一年半的时间。就是这段时期的经历，让我逐渐养成“有志者事竟成”的思维模式。

在伦敦的那段日子里，我率领由欧洲各国顾问所组成的“麦肯锡团队”，去解决欧洲企业客户所遇到的问题，并帮助他们推进项目。虽说工作内容与在日本时一样，但是我需要跨越语言进行沟通交流，还要加深对当地经济与市场的了解等各种障碍，所以这些对我来说是截然不同的挑战。

在领导这个团队的过程中，我一直让自己坚持贯彻两件事：其一，对于团队成员所提出的想法，我要站在客户公司高管的视角进行思考和反馈；其二，对于成员的想法一定要持“肯定的”态度，并激励他们思考更多的可能性。

我通过坚持和贯彻这两点，跨越了语言以及对市场的了解等各种障碍，充分发挥出独特的领导能力。

结束了在伦敦的工作，重新回到日本以后，我又与多家企业的高层一起共事。在这个过程中，我对彻底持肯定态度的思考方式的重要性，产生了更加深刻的体会。

我的客户当然已经充分了解到情况的严峻程度，所以才会来找顾问咨询，以求获得实质性的帮助。如果我们身为顾问仍一味地强调“严峻的事实”或者“做不成的理由”，那么，不管我说的内容如何正确，都是毫无价值的。顾问要做的工作，就是给出类似“接下来要这样做”的积极看法。

最近，我发现那些每天都在客户现场工作的顾问，虽然他们能准确地把握主要问题，却常常把目光过分放在“问题点”和“困难程度”上，最终只能停留在“指出问题”的层面。

因此，作为合伙人，我的工作就是帮助出现这种情况的顾问转变思考的方向：“但是，有这样一种可能性……，存在好的一面”——从问题中找出像这样的“可能性”或“积极的一面”，从而引导自己和其他人的思路，为从实践中所获得的真知灼见赋予更多的附加价值。

要做到这一点，我们就必须从不同的角度思考，甚至是从不同次元思考，带着一颗好奇心不断思考，深入挖掘。进展不顺利时，我们要能给出积极正面的提案——如“不过，如果换个角度来看，这也是一次机遇”“将××与××组合后，就能打破现状”等。

这就是本书要讲的“有志者事竟成”思维的雏形。

从肯定的角度拓展思维

相信“有志者事竟成”并为之展开思考，从而以更好的方式采取行动，这件事情听起来就让人很感兴趣，这也是能让我们打破目前所处的困难局面的方法。虽然这种思维与“先例原则”和否定式思维完全相反，但却是个人与组织所亟须的。

也许，有的读者看到我提出“有志者事竟成”思维的说法，会认为这是一种“精神胜利法”，或者通俗些说是“偏主观的思维”。但是，本书所要介绍的，是围绕“有志者事竟成”思维而进行逻辑思考的具体方法。

我们要珍惜这种灵活运用逻辑思维来解决问题的机会，这样不仅能促进我们成长，还能提升工作的充实感。我们在明确目的的基础上，整理包括现状在内的所有信息，然后进行分析，并结合个人的思考来解决问题，得出一个切实可行的解决对策。我所要说的，就是这样一种综合利用头脑与身体的方法。

不过，有一点希望大家一定要注意，那就是“有志者事竟成”思维，并不是指单一的某一种方法，而是综合运用了延伸目标（Stretch Goal）、坚定信念（Make It）、洞察（Insight）、设计（Design）这四种不同的思维方法。

在本书的序章中，我将对“有志者事竟成”思维的整体内容和战略性思考的基础知识进行阐述。从第1章开始，每章会分别针对一种思维进行说明介绍。我不是说要大家依次使用这四种方法，而是要学会综合运用它们，最终得出“有志者事竟成”这样的结果。

这就是英语中所说的“挑衅式思维”（Provocative Thinking）。

“Provocative”在字典里的解释是指挑衅的、刺激性的。听起来好像都有一种贬义的意味，不过在英语文化的商业圈子里，它却是被当作一个褒义词来使用的。在麦肯锡公司里，它也是企业改革、变革、创业等领域不可或缺的一个关键词。

对于能够摒弃否定态度，从肯定的角度出发进行思考的人，人们往往就会说“他是一个具有‘挑衅式思维’的思考者”。我们不应将“可行性”作为判断的标准，而是要以“有志者事竟成”为前提展开思考，并拓宽我们的思路。

总之，“有志者事竟成”思维可以说是一种理论上的积极思维。

“有志者事竟成”思维带来的五大效果

“有志者事竟成”思维将会带来以下这五大效果：

·提高达成高目标的可能性；

·提供更多解决问题的可选项；

·让人在感兴趣的同时拓宽思路；

·强化行动能力；

·加速成长。

达成高目标的能力是每一个想做出成绩的商务人士都渴望拥有的。增加更多解决问题的可选项，也是顺应了这个多样化时代的需求。“感兴趣”与“拓宽思路”二者之间的关系就像“鸡生蛋、蛋生鸡”一样，同时掌握这两点将会使你的工作方式变得更为主动，能够提升你在工作中的充实感。“强化行动能力”的好处就更加不言而喻了。

以上五条每一条都是工作中不可缺少的要素，当你都掌握了以后，会为各种商业的场合带来益处。

在这里，我想说说“加速成长”这一点，也许有的人会对此产生误解，认为这是针对年轻的商务人士说的，其实人永远都处于成长状态。其实，不仅是个人，大到传统企业和成熟的社会，甚至是一个国家，都处在不断成长之中。

“成长”可以有很多类型，如果你单纯地认为“长大＝成长”，未免就太过肤浅了。人在经历了青春期以后，只是身体停止了成长，并不能说这个人就不再成长了。

一个人的心智和思想直至死亡为止，都会一直保持成长的状态，这就是所谓的“活着”。

如果一个人总是以“否定的”态度看待事情，也就意味着他停止了成长。此外，那些“瞻前顾后”“依照先例”等组织行为上的陋习，无论是对个人，还是对整个公司而言，都将是妨碍成长、使人远离成功的主要因素。

所以，我希望大家务必摒弃不良的思维习惯，掌握真正有益的、符合逻辑且积极的思维方法。

那么，我们就来具体说说“有志者事竟成”思维吧！

目录 Contents

序章

有志者事竟成

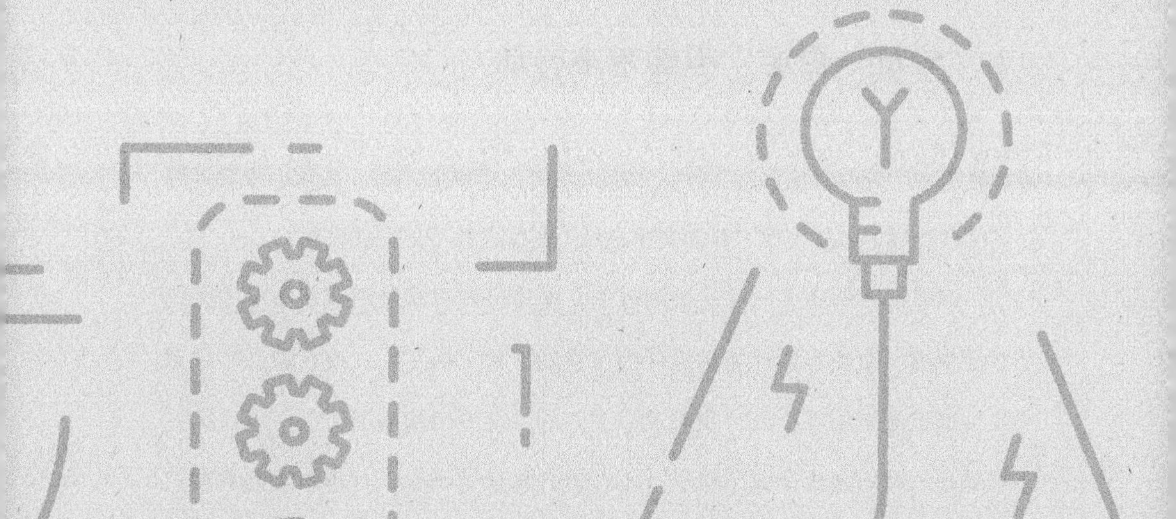

为什么要养成“有志者事竟成”思维

1.“分析—否定”不能带来行动

巨大的挑战、更高的目标、全新的创意、难解的问题，当我们直面这些“问题”时，必须掌握“有志者事竟成”思维及相应的方法才行。

但要切实做到这一点是很困难的。能将这种思维运用到现实中的人仍然是少数。即使是那种能承担任何工作的“骨干员工”，或者是让领导感叹“把工作交给那个人，我就放心了”的“从不出错的员工”，也可能并不具备“有志者事竟成”思维。不，也许越是这样的人，越不可能具有这样的思维。

现今，我们生活在一个信息大爆炸的时代，很多人被海量的信息冲昏了头脑，而这些“骨干员工”或者“从不出错的员工”，他们确实很擅长搜集必要的信息，而且还有能力准确地把握现状，并进行分析。

因此，当他们看到某个课题时，往往会给出这样的反馈："这项工作的问题点在于……，而且我认为××部分也很薄弱。所以，基于市场目前的状况，我觉得采用××销售方案，很难让我们达到预计的销售额及利润率……"

诚然，他们所指出的问题点以及薄弱环节都是对的，对市场的分析也很准确，并且在大多数情况下，他们对于所提方案的分析也是正确的。

但商业场合不是一场"找错误"的测验，并非要你"从例文中找出错误之处，并阐述理由"，而是当问题出现时，你要努力解决它。如果你仍是从理论正确的角度去强调"××是错误的"，实际上就显得毫无意义了。

在商业场合，思考就是为了之后做出行动。无论多么优秀的想法，如果不能落实到行动上，就是纸上谈兵。无法转变成行动的聪明才智不能当作商场上的武器。

我通过回顾我个人的职业生涯，发现很多商业顾问也会落入同样的"陷阱"中。因为商业顾问都能够基于理论进行彻底的思考，所以很容易找出矛盾之处并指出，如，"这项工作计划，在这一点上有问题""这项商业模式无法带来盈利"等。虽然每一条意见都是对的，但是仅仅做到这种程度并不能让客户满意，因为我们还必须指出"接下来该怎么做"。

所以，要想养成"有志者事竟成"的思维，重要的是摒弃只会进行"分析—否定"的思维陋习。

2.“瞻前顾后”限制思考

在大型企业中工作，人们往往会逐渐形成一种“瞻前顾后”的思维。

像“骨干员工”“从不出错的员工”，他们最擅长做的事情就是以先例为依据做出判断——“这个方案或做法是对的”。

所以，情况往往会变成：“前期所提出的销售方案本身是没问题的，但是领导说要削减预算，所以我们这次要采用类似××的销售方案，但在预算方面控制紧一点。”

这样一来，既没有挑战困难的事情，也没有带来崭新的想法。而且，因为这个方案无可非议，其他人都找不到反对的理由，所以“骨干员工”和“从不出错的员工”能很顺利地获得认可。

此外，由于在制订方案时，他们已经“瞻前顾后”地思考了一番，所以也不会招致类似“这么做会让我们部门很难办”“不允许做出冒险的行动”等抱怨。

在实施方案的过程中，只要不遇到特别的变故，方案就能按计划顺利地推进。所以，在理论上也不用冒很大的风险。

此外，由于能取得预计的成果，所以他们往往会收到“很顺利地完成了任务”的好评。但实际能取得的成果也无非就是预计的那样了。这就是“瞻前顾后”带来的局限性。

我要介绍的“有志者事竟成”思维，恰恰与这种不愿意置身风险之中、过分地“瞻前顾后”、总是对风险采取回避态度的思维方式完全相反。瞻前顾后的思维不能产生像“开创新事业”这种革新，所以也无法带来巨大的成功，更不可能让你体会到“突破了困难局面”的成就感。

瞻前顾后的思维本身是没错的，它让我们能以相同的“套路”解决相似的问题。但是，我们在工作中所遇到的问题，都不存在可以通用的套路。特别是身处快速变化、竞争激烈的环境中，如果我们想幸存下来、想收获成长，就必须对原有的套路进行大胆的革新，并敢于直面并解决难题。

实际上，现在很多商务人士都必须让自己直面问题，并思考新的解决对策——“必须达成更高的目标”“必须解决那些老大难的问题”等。

对此，如果仍然是以一种瞻前顾后的思维来看待问题，你就只能想出和过去相同的解决对策。不管你花多少时间去思索，结果仍然等同于“没有思考”，因为你并没有解决原本的问题。

假如，你在思考时也有这种不愿意冒风险的瞻前顾后的思维，还是尽快改正为好，否则，你工作上的业绩和指标，不但不能维持现状，还会一点点地下滑。

3.“先例原则”会让组织不断老化

“分析—否定”或者瞻前顾后的思维，不只是商务人士身上的个人问题，也是很多企业和组织中出现的问题。

特别是大型企业，或者有一定历史和传统的组织，它们往往更容易形成“先例原则”的思维。这就像慢性病一样，会传染给其中的每一个成员。究其原因，主要有以下三点：

（1）规避风险

很多企业或组织都太过看重“程序”，特别讨厌“不守规矩”的情况。原因就在于这些“迄今为止的做法”“我们公司的规矩”“先例”等，都意味着“过去取得成功的成绩是被认可的做法”。没有哪个企业或组织会将“失败的先例”看得那么重吧。

如果按照“先例”的做法实施方案，就能保证一定的“质量”，那么周围人的评价也在预料之中。他们会说：“嗯，这像是我们公司提出来的方案。”“保住了我们部门的名声。”

另外，利用“有志者事竟成”思维推导出的答案都是崭新的、富有挑战性的，所以在结果方面并不能给出什么保证。因此，极力想回避风险的人就会表示拒绝：“也许这是一个好方法，但是并不能保证获得成功啊。”最后又回到了遵循先例的老路上。

（2）方便管理

崭新的、富有挑战性的方案，并不一定能取得预想的结果，所以很难做出评价。比如，在商品开发环节，领导要求“对以往畅销商品的设计做出一些改变”，我们至少能进行比较和讨论。但如果领导要求“给出一个全新的设计想法”，我们就连比较的对象都没有了。

“先例原则”与“有志者事竟成”思维，就像是小学的算术测验与作文的关系。

先例原则能推导出的答案，就像算术测验一样，存在一个固定的“正确答案”，如果我们推导出的答案与之有所偏差，领导就可以“扣分”。这样一来，方便进行评价和管理。而“有志者事竟成”思维推导出的答案，更像是在写作文。因为作文没有一个可定义的“正确答案”，所以我们需要针对每一篇作文的主题思想、文字能力、文章结构等进行综合评价。这对于作为评判者的领导来说，也要有更高的水平，付出更多的努力才行。

此外，当员工基于“有志者事竟成”思维提出方案时，即使领导表示支持“这是一个全新的挑战，那就试试看吧”，但是他心中也仍会不安，担心无法取得成果。所以，当一个管理者讨厌“失败”以及“管理上麻烦”时，就会陷入先例原则的思维中。

（3）顺从人性

在很多公司里，那些一直沿袭先例的人，都得到了领导的认可并获得了晋升，所以，当他们是课长时，就不敢不听部长的话，因为那是对他们做出评价的人。最后，这些一直沿袭先例的人就会“只按部长说的去做”，并对此深信不疑。

当然，有些新任课长会表示“我们要采取与过去截然不同的、全新的做法”，但对于领导和前辈来说，这就像是一个“对自己的挑战者”。在他们看来，“主张采用全新的做法”这件事，也就意味着否定了现在所坚守的做法，而那正是他们“曾经获得成功的模式”，甚至他们还会表示“我们都做不到的事情，你能做成吗？要是能做成，你就去试吧”。

实际上，这不过是“说气话”罢了，但也是人性的一种表现。当你坚持要挑战“全新的做法”时，他们不会来干扰你，大部分情况下只会袖手旁观。一旦你的新方案进展不顺时，他们就会放马后炮“你看，不听老人言吧”。

以上三点原因并不是特殊情况，就像人体免疫系统会排斥来自外界的异物一样，一个组织也有可能会对“新的做法”“新的想法”表现出抗拒的态度。

正如前文所述，越是有一定“传统”的大型组织，越是能表现出这种“保守性”。这样的组织很难培养出敢于挑战全新事物的人才。即便好不容易招来了敢于突破的人才，最终也会沦为平庸的工作者。

一个组织经常采用“先例原则”就会表现出类似老化的迹象。人随着年龄的增长，往往会变得更拘泥于固有的习惯和方法；而一个组织随着“年龄”的增长也会认为“只要按照过往的做法就是对的”。无论是个人还是组织，随着时间的推移，都会给自身套上各种限制。“什么事能做、什么事不能做（或禁止做）”——像这样，对自身的限制条件变得越来越多。如此一来，思考与行动的范围也会变得狭小，自由度也逐渐变低了。

一个健全的组织应该重视培养敢于尝试新事物的人才，并在实践活动中提供实际帮助。

另外，组织内的每一个人，不应只是想着挑战新的事物，在达成目标的过程中，也要能有逻辑地思考“有没有新的方法可以尝试”，以此将我们的思考与行动同步地向前推进。

（4）改变看法，拓展更多可能性

在判断一件事“做得成还是做不成”时，“判断标准”取决于做判断的每一个人。也就是说，在于每个人的见解。也许有人会提出反驳：“不是也有那种在每个人看来，都觉得很困难的状况吗？”

比如，对于社会少子化、高龄化的问题，大部分人认为：“这会导致劳动力减少，让国家的经济陷入困境。”这种看法就是基于每个人心中的“判断标准”做出的。

当然，少子化、高龄化的确不属于能让人乐观面对的问题。如果是以“国内消费”“经济不景气”这种“困难尺度”来判断，自然也会让人变得悲观起来。

但是，如果我们换一个全新的视角分析，又会变成什么样呢？如果以“平均工作寿命”“可持续发展社会”等“可能性尺度”来看，即便是少子化、高龄化的社会问题，也有可能获得充分进化。

同样的道理，当我们改变看法后，就会产生更多的可能性。例如，当我们采取不同于“少子化、高龄化”的视角来分析问题时，就会发现新的商机——“虽然儿童的数量减少了，但是家长在每名儿童身上的投资变多了”。

并且，我们还可以进一步拓宽思路——“如果在育儿方面投入的时间减少了，家长就有了更多的可支配时间。这样一来，我们可以抓住这个商机推出相应的产品或服务”。

此外，人工智能（AI）以及物联网（IoT）等技术的出现，能否剥夺人类的工作？随着技术的革新，提升工作效率能否诞生新的经济价值？除了金钱或工作以外，能否发掘新的可能性……所以你看，像这种不同的看法产生不同可能性的差异也是很大的。

有些人之所以认为“做不成”，是因为总是坚持固有的思维看事情。所以，我们每个人都有必要反省一下：在潜意识中，我是不是被“做不成”的想法束缚住了？

随着社会的不断发展，可供我们选择的余地会变得越来越多，价值观、判断标准也同时变得越来越多样化，所以，我们实在是没有必要故步自封。

整个社会正在不断地发生改变，我们的“判断标准”以及“观念”也要随之革新，才能更加合理地思考，并拓展出更多的可能性。如果我们要掌握这种全新的标准与看法，第一步就是要让自己相信这种可能性，以“有志者事竟成”的思维展开思考。

逻辑思维的五个步骤

在了解了“有志者事竟成”思维的必要性之后，我们还需要掌握逻辑思维，特别是其中的战略性思维的基础知识，即对“目的、课题、对策”这三个部分进行思考。在这里，我将分成以下五个步骤，一一进行说明：

步骤1：明确目的；

步骤2：设定目标；

步骤3：拓宽限制条件；

步骤4：提炼课题；

步骤5：明确方向，思考对策。

步骤1：明确目的

当我们思考时，第一步就是要认识和明确我们的目的。这个环节非常重要，可以说是战略性思维“基础中的基础内容”，所以请大家务必掌握好。

筹备策划、制订方案、思考战略、解决问题，当我们要思考这些内容时，一定要先想好“目的是什么”。我们必须对目的有明确的认知，并且加以确认才行。

然而，很多组织都跳过了“明确目的”的环节，直接推进工作。例如，当领导表示“一定要让这款大型的新产品，取得成功的业绩”时，并没有给出一个明确的目的。而负责此项工作的员工，如果也不明确目的，就会立刻开始思考具体的对策——“该怎么做呢？”你在工作中是否也遇到过类似的情况呢?

没有明确目的就开始思考，无异于还没有决定好“目的地”就出发。目的不同，出现的问题和解决对策也会不同。如果我们不事先把目的了解透彻，就没有办法进行思考，也无法得出想要的对策。现实生活中，很多领导者都只给抽象的指示，员工就按照指示工作的例子不胜枚举。

迅速展开行动固然很重要，但如果没有目的，我们所有的行动就变得毫无意义了。倘若不能将目的明确地传达给所有人，那么无论怎样深思熟虑，都不可能得出成果。

为了改掉这种“没明确目的就开始思考”的陋习，很重要的一点就是，我们不要让自己对领导的指示产生条件反射，盲目地认为“领导的指示＝目的”，而是要学会站在原地思考。

领导心里想的是“要利用好这次机会，以便转变到‘实现稳定提升销售额’的业务结构上”，或者他真正想表达的意思是“要稳定提升这款大型新产品的销售额”，而员工误认为“他是在说我们要达成这个月的销售业绩吗？”于是，员工就埋头于“针对新产品积极展开临时促销活动，无论如何都要完成这个月的销售指标”。这样一来，虽然他们工作很努力，却有悖于领导的意图，这样会带来什么后果，自然也就不言而喻了。

为了避免出现这样的认知偏差，我们可以和领导进行沟通。“此次的目的是……吗？”像这样与领导确认，以便让目的具体化。这个过程绝对不可省略。

假如，你是处在领导的立场发布指示，就可以将目的写下来并传达给所有的部下或团队成员。即使你跟团队成员已经非常熟悉了，若不能以“相同的节奏”走好第一步，也将是非常危险的一件事。

如果你是领导者，或者你需要独立地处理某个项目时，首先一定要明确“目的是什么”。

这里，我们以“大型的新产品”为例，千万不要理所当然地认为“要让这款大型的新产品获得成功＝以大幅提升销售额为目的”就可以了，我们还需要进一步思考。

在这个例子中，我们能想到的目的包括："大幅提升销售额""让消费者对这款大型新产品的认知度有飞跃式的提升""营造与本公司有关的话题"等。

所以，我们要先从中明确哪一个才是真正的目的，然后再传达给团队成员。

步骤2：设定目标

在明确"目的是什么"之后，为了达成这一目的，我们还需要同时思考一个具有指向性的"目标"。这就是战略性思维的第二个步骤。

我们常常会混淆"目的"和"目标"，本书是如下定义二者的。

"目的"，是指"为了达成什么，而去做这件事"。

以"大型的新产品"为例，"将来，要将它打造成本公司的主打产品。为此，我们要大幅提升本年度的销售额"——像这样的表述就是"目的"。

"目标"，是指为了达成"目的"，而给出的一个定性或定量的"指向性水准"。还是以"大型的新产品"为例，"上半年的销售额要达到××亿日元""两年后要在同行业中，取得市场占有率第一的位子"——像这样的表述就是"目标"。

也就是说，"为了将大型的新产品打造成本公司的主打产品，要大幅度地提升它的销售额"，当我们确定了这一目的以后，才能设定更加具体的目标——销售额要提升多少？应该达到什么水平？

要将这款产品的销售额，提升到几年前推出的另一款大型新产品销售额相同的地步吗？抑或超过那款产品的销售额？如果是这样，要超出多少呢？难道只提升今年的销售额吗？明年销售额出现下滑也没问题吗？还是说，有必要转变业务结构，以便长期地保持良好业绩？这种销售额提升的态势要保持到何时呢？只是在今年，还是说要维持好几年？

你看，虽然只是“要提升销售额”这么一句话，但落实到具体的内容上却是如此多样化。为了避免出现“还没理解目的就开始思考”的情况，我推荐大家能在思考目的的同时，也一并设定一个相应的目标。

目的，是绝对不可或缺的内容，可如果以“让部门运作更加活性化”为目的，我们就很难得出一个量化的标准；如果以“大幅提升销售额”为目的，同时设定好一个具体的目标，我们就会看到成效。在商业领域，只有先根据目的设定一个明确的目标，才能在后期制订战略时变得更加轻松。

步骤3：拓宽限制条件

假设我们已经明确了“目的”和“目标”，但在正式思考问题之前，我们还有一个重要的环节要完成，即“战略性思维”的第三个步骤——拓宽限制条件。

在一个组织中，往往存在着各种各样的限制条件。比如，有些事情可以去做，有些则不被允许去做；有些事情不得不做，以及与之相反的情况。这些“明规则”和“潜规则”构成了每一个人在工作上的限制条件。

由于我们每个人每天都在反复处理着相同的工作，从中掌握了一定的套路，所以会对其中所谓的“限制条件”比较熟悉。因此，沿袭传统就变得很重要了，因为这有利于提高工作效率。但是，如果你面临的是“更高的目标”“难解的问题”“改革创新”等问题，限制条件就会成为阻碍你前进的桎梏。

我们还是继续用“销售大型的新产品”这件事来举例吧。

“大幅度提升大型新产品本年度的销售额，将其打造成本公司未来的主打产品”——基于这个“目的”，我们会设定相应的“目标”。比如，“本年度的销售额要达到×××亿日元”。

此时，如果将“本公司的产品全都是通过子公司与客户之间常年结成的销售渠道来销售的”这样的现状视作我们的限制条件，我们就不可能想出“在传统的销售渠道之外，再加入网络销售、活动现场销售等方式，根据不同的场合采用最适合的销售渠道”这一扩大销售的重要方法。

除此之外，还要考虑各个地区的客户反馈。如果我们被“本公司在投放广告时，比较重视优先选择哪些能覆盖全国的重要媒体”这样的条件所束缚，就不可能想出新的解决对策，如“结合不同地区市场的特点，在不同的媒体上投放广告，并在特定地区与当地的团队合作”等。

当我们被很多限制条件束缚时，我们的思路和行动范围就会变得狭窄，能给出的对策也将十分有限。

请大家务必记住以下这三点：

· 在进行策划、制订战略、改革创新等环节时，要拓宽限制条件。

· 目的和目标越高，越要进一步地拓宽限制条件。

· 在前期讨论的阶段，拓宽限制条件并不会带来风险。

步骤4：提炼课题

虽然这里我们又要重复前面的内容，但我想，大部分人的思维习惯是急于求得一个“答案”吧。

例如，我们的目的是“大幅度提升大型新产品的销售额”（将其打造成本公司未来的主打产品），而我们的目标是“让上半年的销售额达到×××亿日元”，这些都已经确认过了，但如果我们立刻就得出“要举办大型的促销活动”“要给每家零售店都提供促销活动资金”这样的“答案”，那么前面所说的“拓宽限制条件”的意义就荡然无存了。

如果我们在前期沟通的过程中，没能让对方了解到新产品独特的价值，换言之，在零售店还没有了解新产品的魅力之前，就匆忙提出“向零售店提供促销活动资金，以调动其大量下单的积极性”这样的“对策”并马上付诸行动，那么，不仅零售店的销量不会增加，付出的促销活动资金还会导致公司财务赤字和大量的滞销库存。

要想达成目的和目标，我们必须解决的重要问题就是战略性思维的第四个步骤——提炼课题。我们要仔仔细细地思考并提炼出课题，然后根据必要性，筛选出其中最为重要的一个。

让零售店的店主了解这款新产品的卖点，是当前最重要的课题吗？零售店中商品的陈列位置与陈列方法是我们要解决的课题吗？电视广告等媒体宣传，还有参与店铺举办的促销活动，是我们要解决的课题吗？哪一个才是我们达成目的和目标时最为重要的课题呢？如果不能准确地把握住关键点，我们就不可能想出有效的对策。

可以这样说，准确地提炼出最需要解决的课题，其价值相当于已经解决了一半的问题。

步骤5：明确方向，思考对策

当你已经确定好最需要解决的课题后，千万别急于思考具体的解决对策或展开行动，而是要先思考解决这一课题的大方向，这就是战略性思维的第五步——明确方向，思考对策。

打个比方，假如你去登山，那么为了达成这一目的，你确定了需要解决的课题之后，并不会立刻就去购买随身物品，或者开始准备替换的衣服，你肯定会先制订一个登顶的大致计划。

是当天就下山，还是要在山中的小屋里住一宿再下山？是独自前往，还是组队前行？选择从哪条路线上山？在大部分情况下，因为有许多比较重要的课题，因而面临的方向也有很多个，所以，我们首先要做的就是从中选择一个作为我们解决问题的大方向。

这里仍以前文“大型新产品”的例子来说：

目的：大幅提升大型新产品的销售额

目标：上半年的销售额达到×××亿日元

课题：让零售店店家和消费者了解新产品的魅力所在，并提升客户的认知度

在这样的大前提下，我们解决问题的方向可以是“不用在全国投放统一的广告，而是要根据不同的地区，在短时间内通过各种媒体，向消费者集中进行宣传和促销活动”。

当我们确定了解决问题的大方向以后，就要沿着所定的方向思考出必要的解决对策和行动。

对策：与各个地区有实力的媒体以及零售店店主进行交涉，配合当地举办的活动制订促销的计划，准备具有当地地方特色的促销企划方案，为确保新产品的销售而制订相应的生产和配送计划等。

思考解决对策的关键点有以下三点：

· 将所有行动与所选定的大方向相整合。

· 每一个解决对策都要落实到具体的层面。

· 不是一味地追求所想对策的数量，而是要结合“目的”“目标”“课题”，思考出真正重要且能起效的对策。

四种思维方法

至此，我们已经介绍了有关战略性思维的基础知识，接下来该进入正题了。

实际上，“有志者事竟成”思维综合运用了四种不同的思维方法，只要你掌握了这四种思维方法，就能大幅提升你达成更高目标、想出解决难题的对策、解决复杂问题、产生新思路的可能性。

虽然单独运用其中一种思维方法也会有效果，但我的建议是，最好根据不同的课题和状况，综合运用这四种方法，达到能随机应变区分使用，并且结合两种或三种方法达到飞跃式的提升。这不仅能让你取得更大的商业成果，也能加速你自身的成长。

这里先做一个简单的介绍。

延伸目标——挑战更高的目标

要尽可能地设定更高的目的或目标，即延伸目标（用英语表述就是Stretch Goal），这种思维方法能够让你的视线上移、拓宽视野、发散思维，从而将“实现更大的成果”当作自己的目标。这样能有效地调动起组织和个人的工作热情，让他们更有积极性和动力。在本书中，我将其称为“延伸目标思维”。

坚定信念——相信可能性

坚定信念就是指，无论面对多么高的目标或是多么困难的挑战，我们都不会在内心犹豫“能不能做成”，而是会以“探索成功解决之策”的姿态去应对的一种思维。如果在开始思考之初，就想着“这个目标很困难”“毫无解决之策”，你将无法拓宽你的思路，也难以坚持思考下去，整个身心都会蜷缩到一起。

反之，如果你持有“不管多么高的目标或难题，都一定能找到解决之策”这种想法，并对整个探索的过程表现出兴趣，你就能不断地冒出全新的观点和想法。在英语中，“Make it”有“能够做成”之意，所以在本书中，我将这种思维称为“坚定信念思维”。

洞察思维——带着好奇心去挖掘

不管在什么样的组织中，那种停留在表层的看法、抽象的想法、普遍的论点都是非常常见的。而仅凭这些是不可能让我们达成更高的目标或解决重要问题的。我们必须彻彻底底地去挖掘并进行分析，才能找出“问题”的本质，并发现独一无二的“答案”。

通过不断训练，我们的分析思维能够变得更加熟练。在反复思考“为什么”（why）和“怎么做”（how）的过程中，我们可能会走进一个死胡同里。这时，最有用的就是我们的“好奇心”了。如果你带着好奇心坚持思考，就能打破“瓶颈”，找到更深层次的问题和对策。

要一直抱有一颗好奇心，不断地深入思考“那是为什么呢？”“这是怎么一回事呢？”“那个又意味着什么呢？”对“思考”本身抱有兴趣，并乐享其中。这样不断挖掘所得出的洞察（见解），将会是独特且深刻的内容。

在英语中，“Insight”有“洞察”之意，所以在本书中，我将这种思维称为“洞察思维”。

设计思维——从一切角度出发进行思考

不要满足于得出某一个“答案”，而是要试着从多角度出发进行思考，发掘更多、更深刻的内容，从而找到更好的“答案”。就像从不同角度照射的光线一样，基于多个视角进行观察，我们才能更好地把握事物的全局与本质。

在日常工作中，由于有太多的固定套路，所以用某个固定的位置和角度去看待工作的对象，算是比较有效率的做法。但是，如果是需要进行“深入思考，挑战难题”的情况，这种方式就不可能让我们得出“答案”了。

有时，我们需要进行“放大”，以蚂蚁的视角去进行仔细的观察；有时，我们需要进行“缩小”，以小鸟的视角俯瞰全局；有时，我们还要像画家一样，在作画前打上很多辅助线，帮助我们进行素描的构图设计——我们也需要经过不同角度的思考，才能发现本质性的课题，并推导出最优解。在英语中，“Design”有“设计、素描”之意，所以在本书中，我将这种思维称为“设计思维”。

以上四种思维方式，不仅属于大脑的使用方法，而且可以视作一种思维模式和行为模式。接下来，我将逐个介绍这些方法，当你掌握了它们以后，也就形成了“有志者事竟成”思维的基础。

为此，我们有必要改变一直以来运用大脑和身体的方式。通过使用这些思维方法，你的思维模式和行为模式也会发生变化，从而带来一举多得的效果。

本书除了介绍掌握每种思维的方法外，在每个章节之后的专栏中，还分别列举了4名30多岁的商务人士案例，其中包括了从“厂家的经营管理者”到“零售店的店长”等在各行各业中活跃着的人物。

第1章

延伸目标：

拓宽思路，加速成长

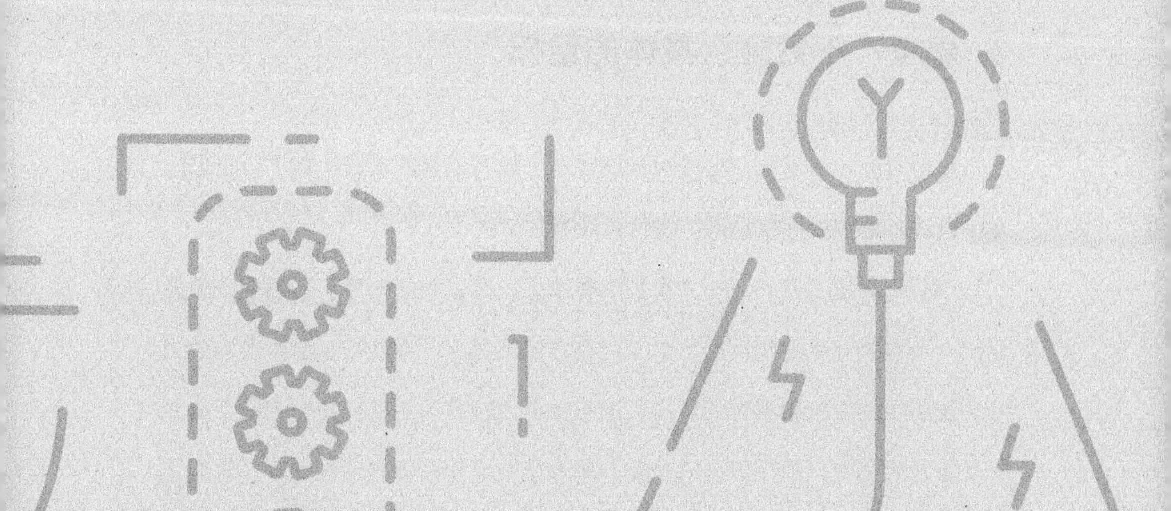

延伸目标：要点

1. 思考“不合理且具体的目标”

延伸目标，要求我们尽可能从设定一个较高的目的或目标着手。正如序章中所述，延伸目标就是指“将目标拔高”。

当我们确定了目的——“为了实现什么，而去做这件事？”然后，就要设定一个特别夸张的高目标，再以“有志者事竟成”为前提，思考要达成目标需要解决的课题和相应的对策。由于这个“较高”的目标是靠普通手段所无法企及的高度，因此就会迫使我们思考迄今为止未曾想过的内容，挑战未曾做过的事情。

不过，无论多么高的目标，如果是很抽象的内容，都会失去意义。

例如，“让我们公司成为日本排名第一的公司”，这个目标固然很高，但是这种表述却是十分抽象的，无论我们如何思考，都想不出具体的内容。

像“要成为令所有雇员都感到自豪的公司”，这样的目标也同样是很抽象的。我们无法从中找出本质性的课题，也无法拓宽思路。

如果范围再缩小一些，换作“成为求职者心目中最有人气的企业”这样的目标，会怎么样呢？这样一来目标确实很具体，而且在程度和数字等方面，都可以有很清晰的定位，但是又好像让课题一下子矮化了。如果说“求职者心目中最有人气的公司＝全体雇员都感到自豪的公司”，我想大部分人都会摇头吧。那么，如何才能制定一个较高的目标呢？

第一要点，就是“要思考不合理的、会引来争议的具体目标”。

用英语来表述就是“unreasonable”（荒唐的）和“controversial”（有争议的）。也就是当你一提出来，就会招致他人“简直是胡来”的反应，或者各种异议的高目标。我们要试着具体思考这样的内容。

在做这件事时，一定不要在一开始就考虑“本公司的现状”和“目前，对本公司来说的可能性”，那些“与前年相比”“与现状的对比”常规性的动作也是不行的。

“虽然今年遇到了这样的限制，但是我们努力在三年内，实现10%的增长。”

像这样的目标也同样不能算是“延伸目标”。因为它还是走了“套路化思考”的老路，与以往的思路相比并没有什么太大的改变，只能说是对过往做法的一种改良而已。

我们要具体设定的，是那种脱离现状的高目标。进行这种尝试的过程本身，也会拓宽我们的思路。

2. 设定有实际意义的水准线

“必须是不合理的、会引起争议的、具体的高目标。”

当我们在思考这一目标时，首先想到的很可能是那种“过于任性”的高数值化目标。

例如，你正参与一家食品生产商的产品开发环节，要为即将发售的新产品制定销售目标。“用三年的时间，将其打造成业内销量第一的品牌。首先，要在发售后的两年内，达成10%的市场份额……”

这就是一种数值化的具体目标。如果这一目标与本公司的现状差距很远，就属于一种“不合理”的高目标，而且还会招来公司内部人员：“这简直是太任性了！”这样的争议。

但是，当我们在进行延伸目标思维时，举出的这些数字，必须有其实际的意义才行。

“是基于什么得出的10%这个数字？为什么不能是8%或12%，而一定是10%呢？”

“为什么要以三年的时间为一个阶段？这样的设定妥当吗？”

如果我们不能把这些问题说清楚，那么即使是好不容易提出的高数值目标，也会失去其原本的价值和说服力。

因此，设定高目标的第二个要点，就是要思考“有实际意义的水准线”。

我们要养成定性思维的习惯，即在决定数值目标之前，设定“对整个市场、客户、竞争对手来说，都具有实际意义的水准线”。

例如，业内排名第一的A公司，其推出的经典产品拥有稳定的客户群，所以常年占据近15%的市场份额。

目前，从排名第二的公司开始，大家都处于一直混战的状态。每家公司每年都会发售新产品，适应市场发展趋势的产品，就能获得几个百分点的市场份额。但是，第二年几乎又会被其他的产品所取代，甚至从市场上消失。也就是说，目前还没有哪个产品能做到，在发售后的第二年仍保持两位数的市场份额。

在竞争如此激烈的环境下，如果我们能撼动A公司的经典产品，那么无论是对本公司，还是对整个市场、客户、竞争对手来说，都会产生不小的影响。在产品发售的第二年，仍能提升销售额并实现两位数的市场份额，会被视为“有可能打败标杆产品的、很厉害超群的二号选手”，具有十分重要的意义。

对于如此大胆的目标，我们设定要在“三年内”实现，是有实际意义的。

我们正处于迅速变化的时代，特别是对于食品行业来说，消费者的喜好、口味、各家公司在新产品中使用的成分和技术等都在发生着变化，令人应接不暇。如果我们还是以“五年”为一个阶段，就会给人以落伍的感觉。

即便五年后真的接近了当初设定的目标，但是这个目标本身的水准和价值，也许早就没有了。而如果设定为“一年”，又有些过短了。因此，我们才设定为“三年”。

像这样，设定一个有实际意义的水准线，然后对其适当地定量化，这样想出来的“目标”才是有力的。

一旦达成这样的“目标”，也就明确意味着我们取得了很大的成果或实现了很大的价值，“目标”本身的说服力也会更加显著。此外，如果能让所有团队成员都理解并认同这一“目标”，就能调动起团队的积极性，增强集体感，从而提高成功的概率。

人只有在看到确切的数字时，才会产生具体的想法，所以我们要让目标的“高度”明确化，但是大家也要记住，不能是毫无意义的水准线，那样会使“高目标”的效果大打折扣。

3. 认真思考所处的市场与竞争对手

当我们以“具有实际意义的水准线”设定较高的目标时，可以尝试基于“两个C”（客户，Customer；竞争对手，Competitor）的思考。这也是基础性的内容，希望大家都能牢牢掌握。

（1）市场状况、客户需求

在思考“具有实际意义的水准线”时，有一个很重要的视角，就是其对于整个市场和客户的意义。

例如，食品生产商的负责人为本公司即将发售的新产品制定相应的销售目标。那么通过观察该产品所处的市场可以发现，国内每年要销售300万件同类型的产品，其中顶部品牌所占的份额，就达到了约四分之一（大约70万件）。

因此，“我们公司的新产品，在发售第一年的销量要达到70万件”这就属于是非常高的一个目标了，之所以设定这样的目标，不单单是为了夺取竞争对手的市场份额，还意味着要开拓新的消费需求，进一步扩大市场。

另外，如果将“开发更多类似便利店这样的小型门店”设定为目标，在决定开设门店的数量时，就不能仅仅基于本公司的情况考虑，还应结合整个市场和客户的情况思考，否则这就失去了实际的意义。

所以，“在对象区域内，让所有的居民只需步行10分钟，就能到我们的门店。为此，需要开设多少家门店呢？”像这样思考，然后再决定门店的数量。这就是基于“对市场和客户都有实际意义”的角度设定的目标。

（2）竞争对手

思考市场竞争、了解竞争对手的状况，并设定对竞争对手有意义的水准线，也是另一个重要的视角。

还是以食品生产商为例，如果本公司想要从占据四分之一市场份额的尖端品牌那里夺走“业界第一”的交椅，毫无疑问这就构成了“竞争”。虽说要真正实现这一点很有难度，但至少能让我们从其他竞争对手中脱颖而出，成为排名第二的选手，这就是“竞争”的意义。

除此之外，这种对市场竞争或竞争对手来说都有实际意义的水准线，也会让我们思考很多的内容。例如，如果迄今为止行业内的排名和市场份额都没有变化，能否实现位次和市场份额的逆袭呢？或者，作为排名第一的公司，也要思考“如何进一步拉大与第二名之间的差距，让其他的公司都放弃对我们的挑战”。

4. 写下来并传达给团队成员

我们投入了这么多时间和努力，最终却未能达成目标，实在是太遗憾了。为了不出现这种失败，我们一定要基于“客户”和“竞争对手”这两个“C”的视角，思考和设定具有实际意义的水准线。而且，越是看起来不合理的高目标，越是要将其具体化地表述出来。

当然，有时也会遇到无法达成目标的情况。原因是多种多样的，但是有一项很容易被我们忽视，即“整个团队成员对目标的理解未能达成一致”。

“团队成员对目的或目标的理解存在偏差”是我们在分析失败的原因之前，首先要考虑到的一点。比起那种不够努力而最后导致的失败，这种在刚起步时就摔倒的情况更加令人痛心。

“我不记得你让我做过这件事”“我都没听你说过那件事”——像这样互相推的情况，我想在每个公司中都很常见吧。发布指示的领导与接收指示的部下之间，因怠于“明确目的和目标，并对此达成一致”，最终导致做了很多无用功或毫无效率的工作，像这样的情况真是数不胜数。

所以，简单又有效的做法，就是将这些内容写下来。

虽然说“写下来”这个方法很简单，但也可以说是很复杂和很严谨的一件事。因为当你把内容写下来后，就会明白自己的思考程度如何。同时，你对于自己所做的思考有几分确信度、是否有自信等，这些都会从中反映出来。

哪怕是在你头脑中“毫无疑问确定的事情”，当你写完拿来看时，意外地会想打退堂鼓，或者只能用抽象的方式表述。

在说话的场合，即使有一些不太明确的内容，也可以通过再添加几句话加以掩饰。但是如果要将思考的内容具体地写下来，就必须事先在头脑中明确自己所想的内容，将其固定下来才行。

反过来说，“写”这个动作，能强制性地让我们明确自己的思考。总之，“写下来”是一种非常有效的手段，能帮助犹豫不定的我们下定决心。

所以，要养成必须将目的和目标都写下来的习惯，这对我们自己来说也是一种训练。

我们只是把思考写成了文字，并非是“做成报告”或“整理成文件”，所以，只需要能做到“具体且明确地写下来”，让人看明白，并能对此进行讨论就足够了。

如果我们心中对于“目的”和“目标”已经十分明确，基本上可以寥寥几行字就能写清楚。

如果你是设定目标的领导者，那么请将这一内容文字化，并传达给你的部下、团队成员或相关部门吧。如果你是一名团队成员，当你的领导口头向你传达“目的”或“目标”时，请以你自己的语言写下来，并与对方确认“您说的是这个意思吗？”这样一来，互相之间才能发现理解上的偏差，并达成共识，这样整个团队才会形成一个正确的“目的”或“目标”。

在这个过程中，不仅仅是针对本部门或团队，也要记得传达给其他的相关部门。越是很高的目标，就越是要让所有相关的成员都能做到准确理解。

延伸目标：发现问题的三个技巧

1. 思考达成目标的必要事项

“课题”是指“为了达成目标必须做的事情，或必须解决的问题”。当我们确定了一个大的目的或较高的目标之后，需要就“如何达成”思考相应的课题。虽然这个过程非常重要，但也有不少人会跳过这一步。

“我们的营业利润一直在下滑，要想办法恢复才行。”当领导发布这样的指示时，其目的可以说是“要刹住利润下滑的趋势。为了今后身处更严酷的环境中，仍能持续扩大利润，需要对业务的机构进行改革”。

所以，我们可以把目标设定为“用两年的时间，将营业利润提高3%”。虽然这是一个较高的目标，但却是基于对市场、客户、竞争对手有实际意义的水准线思考并推导出来的。

接下来就可以思考“为了实现这个目标，有哪些是必须解决的呢？”然后从中筛选出课题。

能否正确筛选出课题，是解决问题的关键，这么说一点儿也不言过其实。是否能够达成目标，与一个正确的“对策”相比，它更取决于你能否正确地把握课题。

只要课题选对了，就能找出相应的解决对策。哪怕最终想出的并非最优解，但只要对课题的辨别是妥当的，就一定能得出可以产生成果的“对策”。反之，如果一开始就抓错了课题，那么无论你想出了多么优秀的“对策”，最终都不可能达成目标。

例如，对于“将营业利润提高3%”这样的目标，我们能想到的课题可以有以下几个：

“帮助一直处于赤字状态的大客户扭亏为盈，然后适当地缩小交易规模”，这是第一个课题。

“将营业经费削减20%”，这是第二个课题。

“提前一年导入创新的大型新产品”，这是第三个课题。

其中，属于“只要把这个解决了，就能达成目标”的课题是哪一个呢？这就需要我们进行彻彻底底的思考。有时，可能是其中的一个课题；有时，则可能是这三个课题。

需要注意的一点是，不要对“课题”一词产生误解，我们并非是要列举出所有眼睛能看到的问题点。例如，“我们部门的工作方式，真的是有问题”，哪怕像这样与组织或业务有关的问题点堆积成山，我们也不可能从这些问题清单中，发现真正重要的课题。所以，我们在筛选问题时，至少要选择与“达成此次的目标”有关的、真正需要解决的问题。

同时，不仅限于解决某个问题点，抓住某个机会也属于很重要的课题。

2. 进行“具体思考”

当我们筛选课题时，不能太过笼统或普遍性地思考。

因为这种思考方式，只会让我们得出谁都能想到的课题，例如“要提供能提前应对客户需求变化的产品”。

这种放之四海而皆准的课题虽然正确，但跟什么都没说一样。到底是什么样的客户？产生了什么样的需求变化？能准确应对这种变化的产品，又该是什么样的呢？所谓的“提前应对”，具体指的又是什么呢？对于这些问题点，我们一无所知。

这就好比，一个患者表示“我最近肠胃有些不舒服”，而医生却只会告诉他“要注意饮食，做到营养上的均衡”。虽然医生说得没错，但是并不能解决实际的问题。

我们需要将目的和目标与自身的状况结合起来思考固有的课题。

这就要求我们能基于对周边环境的认识，进行“具体（specific）思考”。

英语单词“specific”有“固有的、特定的”意思。所以，我们先要对“关联的环境是怎样的？”有一个正确的认识，然后才能思考与之相应的课题。

之前已经说过，我们在设定具有实际意义的目的和目标时，重要的是要基于“市场、客户”以及“两个C”的视角，如果再加上对本公司状况的认识，就可以构成所谓“3C分析”。这是在制订战略计划时常用的一种方法。

- 市场、客户（Customer）：市场的状况、客户群、客户的需求等。
- 市场竞争、竞争对手（Competitor）：竞争状况、每一个竞争对手的情况等。
- 本公司（Company）：优势、短板、资产、能力、理念等。

为了实现“具体思考”，必须在上述三点中取得一个平衡。

例如，在讨论业务发展战略时，不能只考虑“本公司的情况”，应该要对3C这样的大环境有一个认识，这才是最基本的内容。只有正确基于3C平衡环境的认知，才能准确地筛选出课题。

此外，作为商务人士，不能仅仅思考与业务有关的问题，像人事制度、财务状况、对部下的培养、企业的社会责任等各种主题，也都要有所考虑。即使是在这些主题下，也不要仅基于眼前的数字或本公司的状况思考课题，而是要对竞争对手、其他行业的状况、以该功能为对象的利益相关者的状况等（如果是人才培育，就是指公司职员；如果是财务方面，就是指股东或金融机构等）都有相应的认识，只有这样才能筛选出“达成目标”的课题。

“具体思考”该怎样去做呢？这里我以日本战国时代的武将为例，对基本的步骤进行说明。

步骤1：搜集与环境有关的信息

日本战国时代的武将都会先了解己方军队与敌军的实力。此外，还要对战场的情况，即地形和面积等有一个把握。甚至对什么时候日落，什么时候退潮、涨潮（如果临海），天气会如何变化等，都要有所了解。

步骤2：从信息中洞察“对自己有意义的内容”

在大多数情况下，人们往往满足于对信息的搜集，但仅仅做到这一步是没有意义的，我们还要对其进行分析。当然，如果我们对所有的信息都事无巨细地分析会耗费很多时间，因此，在分析时要有所取舍。

分析信息时，有意识地挑选出“对自己有意义的内容”，才是关键所在。比如日本战国时代的武将通常会从许多信息中挑选出“我方军队虽然人数较少，但是有火枪作为武器；敌军虽然人数众多，但持的都是冷兵器”这样与战斗力有关的信息。还有“主战场是一片宽广的平原地带”这样与战场有关的信息，再结合“明天天亮开始可能会下雨”这样的天气信息进行分析。

所以，武将可能会想到“我们应该极力避免与人数众多的敌军进行正面长时间对峙的情况”“我们要有效地发挥出火枪的优势，所以进攻的时机很重要”“为了最大限度地发挥火枪部队的威力，需要在排兵布阵和军队的调动上深思熟虑”。

在这样的情况下，要通过“具体思考”筛选出课题，然后得出相应的解决对策。也就是说，整个过程应该是先了解决定胜负的关键之处，然后再决定何时进攻，如何进攻，以及整体大方向和具体的行动方案。

3. 专注课题，深信能达成目标

列举出的课题并非越多越好。如果有很多需要解决的课题，也就意味着我们要想出很多对应的解决对策并付诸实践，这是很困难的一件事。倘若那些对于“达成目的或目标”来说并非十分重要的课题都要一一应对，很可能会让我们在应对真正重要的课题时半途而废。对任何事都要插手的话，最终只会分散我们的精力。

例如，一直位列县里前16强的A高中棒球队，提出了“明年夏天打进甲子园 ”这样的高目标。以迄今的战绩来说，这的确是一个“不合理”的高目标，但是，由于今年的队伍中有一位实力超强的王牌队员，所以这也算是有实际意义的目标。

那么，针对这一目标，我们能列举出下面这些课题：

①怎样才能击败县里排名第一的实力强队？

②大赛进行到最终回合时，怎样防止王牌队员因连续的投球而出现体力消耗？

③为了增加得分的机会，该如何提升后几位登场的球员的击打成功率和得分能力？

④针对外野位置的守备，特别是左外野和右外野，该如何扩大守备范围？

⑤该如何运用好较强的击打率与长打能力，用全垒打来提高得分？

⑥如何稳定内野位置的守备力，降低失误率？

除此之外，还有很多其他的课题需要我们关注，如二号选手之后的投手阵容安排等，但我们不可能面面俱到，将每个问题都解决掉。我们应该挑选出与“在县级选拔赛中胜出，进军甲子园”有关联的重要课题，然后集中精力应对。

假设我们要“充分运用好队伍中的王牌队员这一优势”，那么，比起如何强化“二号选手之后的投手阵容”或者“外野位置的守备力”，“切实地做好内野位置的守备”以及“保存王牌队员的体力”才是更为重要的课题。在这种情况下，哪怕只取得了最少的分数，也要尽全力保持住领先优势，为此我们不应再关注“后几位登场的球员”，而是要运用好“一击得分”的战略，这才是更重要的。

所以，最后再加上无法回避的第①点，我们真正需要应对的，是①②⑤⑥这几个课题。

延伸目标：达成目标的三个条件

1. 梳理答案的“方向性与优缺点”

通过对筛选出来的课题进行思考，找出其中最重要的内容后，我们就可以开始思考相应的“答案”了。在思考“答案”的时候，重要的是梳理出解决问题的大方向，而不是急于想出具体的对策或行动。我们继续以“打算进军甲子园的A高中棒球队”为例进行说明。

步骤1：为思考重要课题的大方向提供若干候选项

首先，我们要思考解决“战胜县里排名第一的××高中”“王牌队员的连续投球对策”“利用全垒打得分”“打造固若金汤的内野守备力”这四个课题的大方向，都有哪些候选项呢？

我们能想到的第一个大方向是“充分利用好队内王牌队员的实力”。在与对手××高中的比赛中，“靠王牌队员的投球实力发挥，拉开一两分的差距”。而在县级决赛中，则需要王牌队员挑战耐力的极限才能打完整场比赛。

第二个大方向则是，“不能仅仅依赖王牌队员，还要提升整支球队的实力，做到哪怕王牌队员输了三四分，也不会输掉整场比赛”。

第三个大方向是，“既然每年都能进入前16强，那么可以将精力主要放在最后四场比赛上”。如果是这种情况，我们就可以做出一个大胆的决策——“在最后四场比赛中，只让王牌队员上场”。

步骤2：对候选项进行评判，并决定大方向

当我们就解决问题的大方向想出若干个候选项后，接着就要对其进行评判，并最终选定其中一个。此时的要点，就是要事先明确评判的标准，然后按照这一标准对各个候选项进行比较系统的评判。

例如，对于高中棒球这项运动，一支队伍的士气以及求胜心，往往会左右最后的胜败。因此，球队中队员们的求胜心是否强烈，就是一个很重要的评判标准。

此外，出现具有超强实力的王牌队员，对于A高中球队而言可是“十年一遇”的良机。为了不浪费如此宝贵的机会，候选项的成功概率的高低也是一大评判标准。“虽然成功率很低，但是一旦做到就会收获颇丰”这样带有“豪赌”性质的候选项，就显得不合适了。

在本案例中，基于“队员的求胜心”与“较高的成功概率”这两条标准来审视上述的三个候选项，最终我们决定选用第二个，即“打造一支整体实力很强的队伍”，将它作为我们解决问题的大方向。

步骤3：沿着大方向思考有效的解决对策

第三步就是沿着选定的大方向思考解决课题的具体对策。“对策”常常会表现为行动、活动、应对方法等形式。

虽然我们通过步骤2选定了某一个大方向，但是如果“目标”定得很高，需要解决的课题就会有很多个。因此，我们能想出的解决对策的数量也会变得很多。

令人烦恼的是，这些解决对策与课题之间，并不是“一对一”的对应关系。对于同一个问题，有时换个视角就会发现，同一个解决对策会对多个课题产生效果。例如，“锻炼守备队员的奔跑能力”这样的对策，不仅能通过提高上垒率或盗垒的次数实现提升分数的目的，队员的体力得到锻炼后，对于实现稳定的守备也是会有帮助的。

无论如何，解决对策过多都会让实施的可能性降低。即使将这些对策都付诸实践，由于我们需要同时考虑多个方面，效果仍会大打折扣。

此外，因为有多个课题需要解决，所以我们在思考相应的对策时，让思路变零散的可能性就比较高。这样做的风险就是，在同时实施这些对策过程中，在效果上可能会互相抵消。正因如此，我们才需要在上一步中决定好解决课题的大方向。然后，在思考相应的对策及其优缺点时，都要沿着这一大方向进行。

以A高中棒球队为例，可以沿着“以打造实力球队的方式来解决重要课题”这一大方向思考具体的对策及其优缺点。

也就是说，我们可以筛选出很多具体的对策，如，“让王牌队员掌握大力投球和防守截杀这两种投球战术”“彻底锻炼第一、第二击球手的奔跑能力与击球能力”“将内野的防守练成铜墙铁壁般，以应对对方击出的地滚球”“为了进一步提高用全垒打得分的概率，要彻底练习肌肉与挥棒动作，争取击打出超远的距离”等，然后我们可以集中精力去实践这些对策。

原则上，并非是“对策的数量越多越好”，而是既不能太多，也不要太少，否则就会出现问题。因为，很少有“仅通过一个对策就达成高目标”的情况，最终的数量都要依据具体的可执行范围、充分投入人力财力等经营资源的范围来决定。以我个人的经验来说，对于重要的对策，理想的数量应是让全体相关人员都能记得住为宜。

2. 将对策具体化到可执行的程度

作为解决问题的“答案”，如果这些对策不能落实到实际行动上，就不可能产生效果。我们要将每一个对策，都具体到可执行（actionable）

的程度。

如前文提到的“让王牌队员掌握两种不同的投球战术”这种对策，我们要做的就是制订相应的计划和方案，然后落实到具体的行动上。可用的思考方法有很多，这里我想简单地介绍以下三个要点。

- 运用逻辑思维。对“掌握两种投球战术所需要的要素与活动”进行分析，以树状图的形式展开，然后从中选择效果最好的方法。这是一种非常有效的思维工具（关于树状图的用法我将在第3章中进行详述）。
- 反复思考“如何（How）……”如，“如何（How）才能掌握这两种投球战术呢？”这也是一种能提升具体化程度的有效方法，我将会在后文中详述这一方法。
- 预先思考。对于特别重要的内容在执行时通常会遇到障碍或问题点，因此我们就要事先想好应对的措施。也就是说，要预先想到一些障碍，如“要充分运用好两种投球战术，球员的控场能力不足也可能是一大问题”等，然后思考相应的对策。

具体化思考对策的好处，不仅在于能让后面的执行变得更容易，而且在这个过程中，也能让我们对每一个对策的思考得到深化。

与此同时，我们的想法不能处于模糊不清的状态，而是要让我们自身的判断力以及对优缺点的认识变得更加明确。此外，我们还要弄清楚自己在哪方面抱有自信，在哪方面又感到不安。

关于如何推导出“能做成”的答案，我们已经强调了要缩小范围、分析优缺点以及进行具体化的思考。随着我们设定的目标变得越来越高，达成的难度也会变得更大，不过，这些要素却是我们获得成功的关键所在。

当我们要达成一个特别宏大的目的或者高目标时，或者要去解决非常困难的问题时，满脑子想的都是需要解决的课题。如果我们事事都想照顾到，就会让自己变得非常不安，也无法集中精力思考课题与解决的对策。很多时候，我们在将每个对策都具体化之前，都处于抽象的状态。

不过，我们越是身处这种状态，越是要集中精力深入思考课题与对策，分析不同的优缺点，然后将其具体化。通过这种方式，我们才能更加接近“有志者事竟成”思维。

3. 边寻找答案，边收获成长

“课题”是指为达成目标而必须加以解决的问题；而“答案”就可以理解为解决课题的大方向与对策。换句话说，课题就像是横跨在“目标”与“当下”之间必须被填补起来的鸿沟，而答案就像是填补鸿沟的方案。

随着我们设定的目标越来越高，准确地筛选出课题并想出相应的答案也越来越不容易。很多时候，即使我们知道这是一个需要被填上的“鸿沟”，但是对本公司或我们自己来说，当下可能会觉得没有能力去填补它。比如，资金不足、没有人才、没有掌握所需的技术或技能，再加上这些“鸿沟”本身非常巨大等问题。

但是，如果我们因此选择放弃，就永远也达不成目标了。

重要的是，要想着“因为目标很高，所以当下这个阶段无法填补这些鸿沟，也是理所当然的”“必须多给自己一些时间，培养填补鸿沟的能力”。在以“填补鸿沟”为目标时，一定要以公司或个人的成长作为前提。

这种时候我们要思考：“在哪方面有所长进，才能让自己做成这件事？”可能是要开发新的技术，或者是要招聘或培养数字技术领域的人才，抑或是要同其他的企业展开战略合作，并将这种关系进一步推进的能力。

在我们筛选出的多个重要课题中，也有可能其中某一个课题是无解的状态，但我们不能因此就放弃对目标本身的追求。我们头脑中的思维应该切换成“虽然目前找不出答案，但是如果我们能处理好其他的课题，说不定就能在这个过程中获得新的信息、产生新的想法，兴许还能掌握新的技能，然后帮助我们推导出解决遗留课题的对策”。当我们转变想法后，就能以“一边思考，一边成长”的姿态看待问题，从而想出对策。

为了做到一边成长，一边填补鸿沟，关键是要明确对最终获得成功的印象。如果没有明确这一点，我们就无法坚持长期付出努力，整个团队在填补鸿沟的过程中，也将失去凝聚力。

听我这么一说，你也许会有“漫漫长路没有尽头”感觉而打退堂鼓吧。

但是，因为我们原本设定的就是一个很高的目标，所以仅靠目前所拥有的能力肯定是不够的。我们就是要通过公司和个人的成长，将原先认为“不可能成功”的想法转变为“有志者事竟成”，为我们创造出新的价值和巨大的商机。

延伸目标的优势

1. 拓宽思路，加速成长

要做到“延伸目标思维”并不容易。

因为，一旦你设定了一个很高的目标，就会在公司或团队内部招来很多的反对声音。有人持否定的意见，如：“那真的是太荒唐了！”有人则会予以反驳，如：“我们就是按照过往的做法，才达到了现在的水平，难道说以前的做法是错的吗？”还有人是出于防卫的本能提出的反对意见，如：“设定那样的目标，如果最终不能达成，谁来负这个责任？”

“提出了这么高的目标，要是没完成可就不好办了，不但会失去同事的信任，还会有损自己的声誉”，甚至连我们自身也可能会陷入自我约束中。这种心情可以理解，但我们之前也说过，没有必要对所有既存的套路都逐一进行延伸目标。

对于那些具有战略意义的重要项目，以及自己投入热情去做的工作，我们最好是先提出一个“不合理”的高目标，然后再拓宽自己的思路，可以一年进行一次，也可以每三年进行一次这样的探索和挑战。我们随着经验的累积，以及肩膀上责任的加重，往往会表现出难以进行延伸目标的倾向。所以，希望大家能以本书为契机，马上去尝试。

虽然延伸目标很有难度，但是只要你敢于挑战，就会收获很大的益处。

延伸目标的成果，不仅仅是提高“达成较高目标”的可能性。

实际上，延伸目标思维不仅在于为了达成目标，还具有拓展思路的意义。如果你真的达成了高目标，固然值得庆祝一番；但即使你最终没有达成目标，也不意味着你所付出的努力都白费了。

设定一个非常高的目标和一个“不合理”的高水准线，会激发出我们前所未有的想法，即拓宽思路，挑战不同水平的目标，从而带来革新与成长。无论是个人还是组织，都将会有巨大的收获。

例如，“比去年增加3%的营业利润”只能算是“稍微努力一下就触手可及”的目标，这样一来，人们并不会改变迄今为止的做法，最多是对现状进行改良或者有组织地努力一番，但这并不会带来巨大的变革，也不可能出现改革与创新。

但是，如果换成“比去年增加30%的营业利润”这样看似几乎不可能完成的高目标，我们就不可能只通过“改善”或“努力”的方式实现，而是必须完全转变思路，从零开始重新思考。

因此，我们就要以“有志者事竟成，要找到能做成的方法”这样的视角，想出不同于以往的对策。

要想达成较高的目的或目标，我们就不得不寻求更多可用的手段，即拓宽限制条件。然后，在此基础上，拓宽我们自身的视野、关注的信息、可用的人际关系、行动范围等，这样才能完成此前未曾做到的事情。

我们只有将视线放大，视野拓宽，才能有新的发现。包容地接纳新事物并灵活地加以运用，从而诞生出新的想法和有质量的点子。

我们自己的想法固然重要，但是不能完全仅依赖于“自身的想法”，还要广泛地接受和灵活运用“外界的想法”以及“他人的观点”。这样我们才能逐渐推导出全新的答案。

广泛搜集信息和想法并就此进行讨论、尝试大胆的方法、与不同的对象展开合作、使用所有能想到的路径或手段，这些拓宽的思路才是最宝贵的，也是延伸目标所能带来的成果。

经过这样的过程，我们的思路就能逐渐拓宽，从而加速我们的成长。

最终，我们就会养成“有志者事竟成”的思维，即真正能达成高目标。

2. 提升工作质量与水准

运用延伸目标思维设定一个较高的目的或目标也能提升我们工作的质量与水准。这就好像人的视线一样，不抬头看，就无法看见更高的天空。这里所说的“更高的天空”，就是指远超现状的质量和水准。

例如，将本公司成长的目标设定为“比去年增长3%的营业利润”。

对此，如果你总是想着“在市场不会继续扩大的大环境下，做到提高3%的营业利润是很难的事”，那么，无论你多么努力都无济于事。在业内一直保持快速成长的竞争对手A公司则是以每年实现两位数的增长为目标，一旦其达成了这个目标，不仅你的公司会在竞争中落败，还会逐步被其所取代。

换句话说，如果你只是依照公司的现状制定伸手可得的目标，你的视线就未免太低了，而与此同时你的视野也必然会变得很狭窄，宛如一只井底之蛙或一座孤岛。

对于棒球运动员而言，哪怕是处于二级梯队中的队伍，如果是将“打造成能战胜世界第一的强队”作为自己的目标，并且在运动员的增补、培养上，甚至训练内容上多花心思，也一定能拥有超越“二流”的实力和水准。

在商场上也是同样的道理。拓宽视野是保持可持续成长必不可少的要素，其中，最为重要的是，要能设定一个较高的目标。

比起“在下周的练习赛中胜出”，带着“挺进甲子园”的想法练习，更能让高中棒球队员变得热血起来，从而实现梦想。在工作中也是一样的道理。设定一个更高的目标，然后努力实现，在此过程中，员工的热情以及积极性都会被激发出来。这对于组织内部培养集体感和鼓舞士气，也是很有效果的。

运用“延伸目标思维”设定一个高目标，可以说是我们为最终掌握“有志者事竟成”思维迈出的第一步。

专栏

在精密设备厂工作的A的“延伸目标思维”

在这里，我想以一个实际的研究案例说明如何用延伸目标思维设定非常高的目标。

A供职于一家精密设备生产商，他作为X业务总部横滨事业所的销售负责人，取得了非常优秀的业绩。大家对他的业务素质和工作成绩评价都很高，而且他在同一批的员工中表现出色，被提拔成了课长。在他获得晋升的同时，还被调往了Y业务总部福冈营业所。

公司对他的期待是“希望他能振兴正在走下坡路的Y业务，并强化九州地区的销售能力，因为这里是该业务竞争最为激烈的地区”。对于A个人来说，面临着“升任课长”“在不同业务总部间调动”以及“去福冈上班”这三大变化。

我的高目标到底是什么

摆在A面前的三大变化是：

·在不同的业务总部间调动；

·去外地上班；

·升任课长。

要同时应对这三个全新的变化，对任何人来说都是很头疼的事情，所以，人们通常会把“适应好这三大改变”当成自己眼下的目标，A也是如此。一想到“面对如此高的目标，如果不做出点什么，可就难办了”，A的情绪就会变得焦虑起来。因为A是这一批员工中较为出色的，身上的压力自然很大，但也会充满期待和干劲。

但是，A在感到焦虑和充满干劲之前，首先是让自己冷静了下来，试着思考“我的目的到底是什么？”“应该以什么为目标呢？”

当调动的通知下达时，无论是人事部的同事，还是以前的领导，都这样对他说：

“仅仅是面对全新的挑战就已经很让人头疼了，何况这次要同时面对三个。但是，之所以做出职务调动的决定，也正是出于对你的期待啊！”

不过，A所期待的成果并没有以目标（数值）的形式定义，对于“做到何种程度才算是成功”也没有给出具体的定义。总之，需要他自己定义该以什么水准线作为目标。

在工作上，确实要做到尽可能满足自己部门和领导的期待，并获得周围人的认可，切实履行好岗位的职责。但在此之上，他还会思考：“公司在提拔自己的同时，为什么还要调我到Y业务总部的福冈营业所呢？想让我重振九州地区的业绩吗？但是，公司的意图应该不仅止于此。为什么要选择竞争最为激烈的九州地区呢？恐怕公司是希望我能够带领该部门通过重振竞争最为激烈地区的销售业绩，从而实现恢复Y业务所有销售部门的活力。”

A曾经做过销售，对这个岗位有着很深的感情，并且对在工作上所付出的努力和做出的成果能获得较高的评价感到很骄傲。此外，A对于自己能被调到九州挑起“重振该地区销售业绩”的重任感到非常光荣，同时也感到肩膀上的责任很重。正因如此，A不能仅仅满足公司的期待，还应该抓住这次机会，挑战更高的目标。他要利用好自己在销售方面的长处，同时拓宽限制条件，即以超越九州、超越Y业务的视角，迈出重建公司整体销售业态的第一步。

基于对“来自公司的期待”和“来自自己的期待”的思考，A将自己的目标变得更加具体化。

进一步拔高目标

最终，A设定的目标有以下三点：

·调整Y业务在九州地区的销售战略。

·锻炼自己的领导能力，让自己转型成一个“不同于以往的销售课长”。

·适应“升任课长、职务调动、外地上班”这三大变化，切实完成公司的期待。

如果A从未思考任何目标，那么他最终想到的只有第三点，然后在此基础上思考对策。但是，他运用延伸目标思维对此重新审视后，设定了一个对自己来说更高的目标，即加上了“调整销售战略、让自己转型”这两点。

对此，曾在同一个销售部门工作的同事表示否定：“这很像A的强硬作风，但是从新任课长的角度来说，未免有些太勉强了。”而从横滨工作时期开始就一直栽培他、最理解他的老领导，也表达了担忧：“要同时面对三大挑战，这可是谁都没经历过的事情，现在还要再加码，你最好别乱来啊。”但是，对A来说，通过将目标具体化，才有了“有志者事竟成”的感觉。

当然，对于销售额、市场份额、开发新客户等销售活动中常见的数值目标，A也做了设定。不过，他最终提出的业绩指标，以及“半年内进行××次新客户的商谈，达成等待签约的状态”这样的中期指标，从目前新部门的现状、市场、客户的角度来看，仍是很高的一个目标。

以较高的目标拓宽思路

要达成很高的目标，并非易事。如果仍沿用以往的做法肯定是做不成的，所以A再一次深入地思考“该怎样才能做到呢？”

一般来说，地方营业所销售课长的职责是领导本部门完成销售计划，给部下做出表率。其中，还包括培养部下，以及在当地树立本公司的良好形象。A的前任是一位九州本地的男性，性格颇为豪爽，所以很好地完成了这一职位的要求。

但是，A的目标不止于此，而且性格也与那位前任不同。所以，A想塑造出一个有自我特点的销售课长的形象，还要推进九州地区销售战略的升级。与此同时，当然也要切实地履行好历任销售课长的职责。

A希望将销售课长传统的管家形象，转变为一个领导者，他认为这是塑造新派销售课长形象的重要一环，也是实施全新销售战略的重要组成部分。

“管家”给人一种仰仗着自己职位的权威到处发号施令的感觉；而“领导者”则需要跨部门地展开合作，是一个推动者的形象。因此，A把“成为一名领导者”当作自己的一个目标。

这个非常高的目标，如果仅靠自己或部下的努力是无法达成的。而且，如果A要调整九州地区的销售策略，除了整个营业所外，还需要Y业务总部，乃至整个集团公司的支持与配合。那么，A作为领导者，其作用就是要率领整个组织去达成非常高的目标，同时也要赢得其他部门的支援。

还有，对于A设定的高目标，如果不能拓宽限制条件，那么肯定也无法达成。因此，要大胆地尝试，这样一来，也拓宽了A自己的思路。

抓住重要课题

A以大胆地拓宽限制条件为前提，思考“为了达成设定的高目标，哪个才是关键所在”，并列出了很多个课题。然后，他从中筛选出真正重要的课题，集中精力加以解决。

作为销售课长，A在率领团队提升销售业绩的同时，还要对部下做出指导、扩充当地的销售网络、调整销售战略并进行升级，以及对销售岗位的业务进行改革，这些怎么看都好像是不可能完成的任务。总让人觉得，就算把周末都算上，时间仍然不够用。并且还有一个严重的“瓶颈”，就是进行业绩管理和制订销售计划所需的数据或支援体制也非常不充分。与A曾经所在的X业务总部相比，Y业务总部的营业所与总公司之间的联系沟通也很糟糕，这会给业绩和销售效率带来负面的影响。

此外，A还发现了其他方面的很多问题，尽管如此，从实现自己所设目标的角度来看，真正重要的课题还是集中在“自己的时间分配方式”“提供对销售有帮助的信息”“总公司与营业所之间的业务往来流程”这三点上。

像这样，将重要的课题具体化后，就会让原本像“远远看上去高不可攀的山顶”的高目标，转变成“通过若干方法找出登顶路线”这样的一种可能性。所以，A的想法也变得越发坚定了。

360度协同合作的意识

之后，A为了解决课题又进行了如下思考。

虽然我在福冈营业所要面临这些挑战，但是对Y业务的调整以及对销售岗位的改革，也可以说是整个公司的重要课题。因此，我不能仅靠自己部门单打独斗，也要积极地与总公司、其他营业所、其他部门通力合作。如果我能把自己的想法和行动计划准确地传达给其他多个部门，就可以从他们那里获得合作与支持。

在调整九州地区的销售战略时，我不能被过往的经验与规矩束缚，要敢于尝试全新的想法。无论是作为课长，还是对Y业务总部，抑或对福冈这个地区，我都算是一个新人。但也正因如此，我才能站在一个全新的视角发起改革，提出有质量的想法。还因为我是没有经验的新任课长，所以即使我提出什么稀奇古怪的方案，应该也会被宽容吧。如果有人对此提出异议或反驳，也正好可以借此机会，多听听他人的想法。

A的答案是……

针对前文所述的重要课题，A思考出的大方向就是向高目标发起挑战——要改变作为销售课长的时间分配方法，将其作为一项全公司进行中的项目，借助自己的人脉网络跨部门地搜集和利用好信息。接着，A为了达成自己设定的高目标，想出了以下几个解决对策。

- 作为销售课长，要对自己的时间分配方法做出改变。要积极地通过电话和电子邮件等方式与部下进行沟通，大幅度地增加课长亲自参与商业谈判的机会，批量处理对总部的报告事项，每周与一名部下进行一对一的谈话等。

- 为了福冈营业所成为候补项寻找机会，一旦参与到目前Y业务总部正在考虑的新销售项目中并获得了认可，它将会在Y业务总部内、总公司内部产生广泛的影响。
- 提前引入总部新版销售支援IT系统，并在福冈营业所推行，积极学习主力营业所的工作经验。
- 利用好自己的人脉网络，在全公司内部搜集提高销售人员工作效率以及成功的销售战略案例，并定期在福冈营业所内部分享，让大家共同商讨销售战略与销售环节的改革措施。

虽然A设定了一个非常高的目标，但他并不是要让自己或者本部门去单打独斗，而是要有意识地借助全公司各个部门和人才的力量发起挑战。A正是认识到了合作与支援的重要性，才让他内心“有志者事竟成”的想法变得更加坚定，从而加深了自信心。

第2章

坚定信念：

培养找出答案的能力

坚定信念：要点

1. 逆向逻辑

“坚定信念思维”（Make It）最基本的要求就是，要有不畏惧高目标或难题、坚信“一切皆有可能”的心态和灵活的逻辑思考能力，以及基于各种可能性思考达成目标的对策。

当我们要长期面对“不合理”的高目标或难题时，如果使用一般的思维，就只能看到“没有先例”的事实和现状，这将成为一道无法逾越的鸿沟。大部分时候，这也将使我们无法对可行性的对策形成具体的印象。

但是，要挑战更高的目标，我们就不能再沿袭以往的经验和思路，必须首先让自己相信“有志者事竟成”。只有这样，我们才能拓宽自己的视野和想法，从而看到更多的可能性。

当你对高目的、高目标宣誓“有志者事竟成”时，马上就会招来很多的反对声音。这些都是有逻辑依据的意见，而不是意气用事或挑衅之举。

“与前年相比，去年该产品的销量已经增长了两个百分点，现在你提出要用两年的时间，再增加50%吗？这简直就是乱来！实际上，市场的动向是……”

“你所提出的销售体制，我们以前也尝试过很多次，但每次都是无果而终。我觉得这种销售模式可能原本就与本公司产品的特性不相匹配。而且，我们的竞争对手……”

“这种做法毫无先例，我们都不清楚具体该怎么做，就像是摸着石头过河。”

当我们要完成谁都从未实现过的目标，或是解决常年悬而未决的难题时，他们通常会表示“做不成”。关于“做不成”的理由，他们能从理论上分析得头头是道。

但是，有些时候，如在讨论工作上的套路或者对以往的业务进行改良时，这样的反对意见是有其正确之处的。

几乎在所有的组织中，大半业务都是基于迄今为止的经验和逻辑才成形的。如果是日常工作上的小挑战或改良方案，人们只要沿袭以往的经验和逻辑，就可以讨论“这个方法是否可行”“这个改良方法实施起来是否顺利”等。这样思考的结论就是“有志者事竟成”或者“恐怕有些难度”。

但是，如果我们要挑战一个非常高的目标会怎样呢？或者要想出一个谁都没尝试过的新点子、解决一个困扰多年的难题又会怎样呢？讨论这些问题的时候，我们再用同样的方法就显然行不通了。我们越是沿着过往的经验和逻辑思考对策，越是只能得出“做不成”“风险很高”的否定结论。这样一来，“有志者事竟成”的想法也就不可能产生了。

因此，我们需要采用逆向逻辑。

一上来就要有坚定的信念，相信自己“有志者事竟成”，并坚持探究“这样做的话能成功”“不，还有另一种方法”“这个办法有尝试的价值”等，以此开始我们的思考。

首先，将我们已有的视野的思路打开，然后再有逻辑地思考“怎样做才能一定到达更高的目标”“运用什么样的点子和方法，才能切实地解决问题”这种问题。通过这种逻辑性的思考，将达成高目标的具体点子和方法组合起来。

这就是本章要介绍的“坚定信念思维”。

2. 不要立即否定

在面对高水准的目标或难题时，切记“不要立即否定”。

立即否定，就意味着当时的思考停止了，即使我们克服了否定的思维定式进行思考，整个人的心情也会受到影响，思路也会随之变得狭窄。

例如，计划要在此前不通车的山上修一条公路，你可能立刻就会在头脑中冒出“地形复杂而又危险，肯定做不成”这样的否定想法。

当然，我们也可以抛开这个想法，仍按原计划去完成目标。但是，因为我们曾经冒出“立即否定”的想法，所以在开工时就会带有一种消极的心态，最后的想法往往会变成“尽可能减少车流量的负荷，修一条狭窄的公路”。

结果就是修出了一条每次只允许一辆车通过的小道，上山的车辆和下山的车辆都没办法会车。即使全神贯注地上山，也没有闲工夫欣赏山顶上的景色，因为大家都提心吊胆地想着“得赶紧通过这里”。虽然我们建好了“公路”，但这并不能说是“达成了高水准的目标”。

反之，如果我们从一开始就坚信“可以修出一条翻过山顶的公路”，最终自然能让过往的车辆都通行顺畅。而且，这样一来，无论是老司机还是新手，都可以在这条路上享受驾驶的乐趣，欣赏山上的景色。这就是漂亮地完成了一个高水准的目标。

所以，千万不要立即否定，而是从肯定的角度出发，思考如何才能“做得成”，相信一切的可能性，调动自己的积极性，你的思路才能拓宽，最终达成高水准的目标。

也许这听起来有些幼稚，但事实即是如此。

3. 把限制条件写下来

没有限制条件的组织是不存在的。每一个组织中都会或多或少地规定一些“允许做的事情、禁止做的事情”。

越是有历史、有传统的组织，限制条件就越多。其中，有些是很重要的，有些是对现在来说不太重要的内容，有些则是过去的“遗产”，还有一些是可有可无的内容。

即便是新成立的组织，也并非完全没有限制条件，只会随着企业经营活动中出现的期待和制约不断增多。另外，以“确保人才”为代表的经营资源方面的制约条件，也会逐年变得严格起来。

但是，当我们挑战高目标或难题时，太多的限制条件就会让我们失去胜算。所以，为了能让自己保持积极的心态去拓展更多的可能性，相关的约束还是应该越少越好。

坚定信念思维的必要条件，就是要有意识地将限制条件一个一个去除掉。因此，我们应清楚地以“可视化”的形式，将不必要的限制条件去除。具体可以参照以下步骤。

步骤1：将所有限制条件写下来

我们可以用“树状图”将限制条件全都写下来。

首先，从法律法规、行政命令、道德观等这些凌驾于组织之上的、全社会共通的严格内容开始写。

其次，写出这个组织最为看重的内容，如企业理念、价值观、愿景、行业领域等。像“我们公司坚决不做污染环境的业务”，这一项就可以被纳入这个范畴之内。

再次，写公司中长期的发展战略与经营规划、经营资源、商业模式等项目。

最后，将公司内部的规章制度、业务流程、组织文化、常年形成的惯例与不成文的规定等也写下来，尽量写得细一些。

当我们将所有的项目以“树状图”的方式写下后，就等于获得了一个限制条件的具体清单。

步骤2：尽可能地去除限制条件

接下来，我们要试着将这个清单中的项目，都尽可能地一一去除。像创立公司以来的理念和长期的愿景等内容，就属于应该坚守的限制条件。但是，对于下面的限制条件则应加以注意，要尽可能地排除掉。

- 资金、成本、人才、时间等在经营资源层面上的限制条件。
- 有关“为什么不能这么做”的理由，表述得模棱两可的限制条件。
- 基于“没有先例”“以往被否定过”等理由的限制条件。
- “与其他部门间的摩擦或本部门承担的风险”等这种组织内部形成的

限制条件。

这些限制条件，在前期讨论和筹划的阶段是完全没用的内容。如果继续保留，就不可能得出带来巨大成长和改革的想法。

重要的是，我们要保留那些不能被去除的限制条件，并以公示化的方式加以确认。因为，有时候不管你的决心多么坚定，有些限制条件都会仍起作用。公司的理念、战略方向等内容，也许还是要保留下来。但即便如此，若不将所写下的大多数限制条件都去除掉，我们的思路就不能拓展。

步骤3：去除“潜意识中的限制条件”

在去除限制条件时，最麻烦的就是那种所有人都没意识到其存在，但是又会去遵从的“潜意识中的限制条件”。过去哪个领导曾做出的指示，或者“迄今为止没有人这么做过”这样的理由，都会给组织和个人带来深刻的影响。

因为存在这种“不成文”的限制条件，人们一遇到就会思考“可以做的事情/不得不去做的事情”，但谁都无法回答出这些条件的判断依据是什么。这些就是“潜意识中的限制条件”，我们应该尽快去除。

4. 不要带着限制条件思考

“限制条件的宽松程度”与“可能性提高的程度”二者是相互呼应的

关系。到底该达成什么样的平衡状态，我们需要在确定答案可行性的阶段进行判断。

在前期思考的阶段，我们应大胆地对限制条件做最大限度的宽松处理，然后反复进行思考，这个过程也可以看作拓宽限制条件的一种训练。

例如，你所在的公司在销售渠道上存在限制条件，那么你可以首先将其去除，然后再进行思考。“我们公司的产品，原先只能通过‘下属的销售子公司’这一个渠道进行销售，但是，我们也可以试试其他销售渠道，如厂家直销、大型代理商、网上销售等，这些都可以是候选项”，像这样拓宽思路，以实现更高的目标。

因为这些想法都只是我们在自己头脑中讨论，所以不会带来什么风险，自然也不会有反对意见。“那样如何，这样如何”——我们可以抱着这种好奇心进行思考。

不过，“抱着好奇心进行思考，拓宽自己的思路”这件事做起来却意外地很有难度。

“要同时采取三种新的渠道，风险未免太高了，如果集中精力做好其中一个呢？”

“考虑到投资预算和经费有限，如果把赌注全部押到‘网上销售’这种渠道上，是不是更现实一些呢？”

“如果我提出用厂家直销的方式进行销售，应该会招来销售部部长的强力反对吧……”

受到限制条件的制约，我们难免在自己的头脑中也开始了揣度。

我们如果在讨论的阶段，就落入了限制条件的陷阱中，那么创意的新鲜度、自由度、广度等都会瞬间消失，别说什么“对思考感兴趣”了，恐怕我们还会变成一个“专挑毛病的人”。

在做最终决定时，我们应该根据不同的场合灵活思考，有时还会借助于管理层或领导等他人的判断。

正如前文所述，如果我们不拓宽限制条件，就无法达成较高的目标。这就像是鸡和蛋的关系，设定一个高得“不合理”的目标，我们就不得不拓宽现有的限制条件。与此同时，我们的思路才能得到更大的拓展。通过运用延伸目标思维和坚定信念思维，不断地拓宽限制条件的练习。

5. 拓宽视野和信息搜集的范围

拓宽了限制条件之后，我们还要扩大自己的视野范围并提升所关注的信息量。此时的诀窍，就是要做到“更进一步，更宽泛一些”。

大部分的工作都是在时间的制约下进行的，所以，在短时间内，我们往往倾向于把焦点放在“眼前的问题点”或“立刻就能实施的对策”上。在我们的潜意识中，只会想着“能在这段时间内做到吗？”因此，无法带来更多的可能性，也不可能产生积极挑战更高目的、目标的想法。

所以，希望大家都能以“更进一步”的方式先拓宽思路。例如，一般在预测市场规模的发展时，都是以“3年”为一个期限，但我们也拉长到5年甚至是10年。在分析公司业绩时，总是以“最近5年”为一个阶段，其实也可以试着再向前推至“近10年”。

然后，希望大家以“更宽泛一些”的方式搜集更多的信息。

在搜集信息时，我们常会在潜意识中加入一些过滤处理的信息，如，我们会按照“与自己有关的、与自己无关的”进行分类。我们在使用坚定信念思维时，关键是要拓宽“与自己有关的信息”的定义范围。

那些在日常工作中看似无关的信息或者“一一去处理就会拉低工作效率”的琐事，说不定对于我们“实现更高的目标”“做成前所未有的工作”来说是很有用的。

虽然，平时我们只会搜集与本公司或本行业有关的信息，但为了制订出达成更高目标的战略对策，还要搜集其他有关市场和竞争公司的数据。

在分析技术动向方面也是一样，我们不仅要关注与本公司产品有直接关系的技术，那些对于客户的业务来说很重要的技术也要能进入我们的视野。在分析竞争对手时，范围比平时“更宽泛一些”，要对同行业的竞争者也进行调查分析。

例如，位于商业街的一家药妆店，因为销售额一直下滑，店长开始筹划“让业绩起死回生的办法”。那么，其最大的竞争对手就是位于车站前的另一家大型药房，但如果仅仅调查分析对手的情况是不够的，对于“位于同一地区生意很好的食品超市或副食店”“网上销售的化妆品以及保健品的消费趋势”“本店所在的医疗机构动向”等也都要加以关注。

为了达成高目标，我们要有“更进一步、更宽泛一些”的意识，也要给自己更宽阔的空间去应对这场“比赛”，才能拓宽自己的视野和思路，让自己有更高的胜算。

6. 拓宽“关系人员”的范围

除了信息的范围需要被拓宽，还有与我们达成目的或目标有关的人员范围，也应当被拓宽，这是坚定信念思维的另一个要点。

在推进工作的过程中，任何人都会与其他人产生关联。例如，听取他人的发言、互相讨论、寻求帮助等。我们要大胆地将“关系人员”的范围进一步拓宽，才能提高“有志者事竟成”的可能性。

步骤1：拓宽可商量的对象、可讨论的对象、可学习的对象的范围

虽然，一般性的工作只需在部门内部讨论就足够了，但我们仍然可以拓宽这个范围，试着和其他的部门、其他的营业所、其他的公司进行讨论。

我们作为销售人员，工作的惯例是经常与大型的代理商打交道，但其实在一些特殊的销售活动中，我们也可以直接和零售店的店员交流。或者，我们可以直接在一家店里观察消费者的购物行为，以及询问买回家后如何使用等问题。这样也许会更有助于你的思考。

步骤2：打通不同领域、不同行业间的壁垒

例如，食品生产商也可以学一学原料生产商所使用的降低成本技术；教育界也可以借鉴音乐行业培养人才的方法。借鉴不同行业里畅销产品的做法，你也许能在市场营销上产生新的点子。

你个人、所属的部门、所在的公司、所处的行业等，在这些范围内所能获得的信息、能力、观点、技能等，只能说相当于“手头现有的素材”或“经典的菜谱”。无论我们在创意上下多少功夫，由于素材、知识的限制，做出来的“新菜肴”变化也是有限的。

那么，如果能跨越不同领域，会怎样呢？日本料理中会用到“奶酪”这种西餐食材，法式料理中也可以融入东方的调味料或烹制手法，我们在工作中也可以像这样加入新的素材和观点，从而拓宽思路和行动的范围。

快去向迄今从未想过的各种对象、不同行业和领域的人寻求帮助吧！

7. 灵活运用逻辑思维找出答案

拓宽了限制条件、信息、视野，以及与此相关人员的范围后，我们思考时的自由度也会随之扩大，同时我们的心态越发积极，头脑中有更多的空间思考“为了达成这一高目标，还可以试试哪些点子”。

这些都是坚定信念思维中的要素，不过仅仅以积极的心态相信“能做成”，还是太过理想化了。就像前文说过的那样，我们在逆向逻辑的基础上思考，所以有了一个积极的心态后，还要借助逻辑性的思考探寻“能做成”的答案。这也是坚定信念思维的一大要点。

一说到“逻辑性”，人们也许就有“可能性变少”的印象吧。越是善于进行逻辑思考的人，越是会追求严格的逻辑关系，其结果就是倾向于否定各种可能性，这的确是事实。不过，坚定信念思维中的“逻辑性思考”，是为了拓宽思路和可能性而为之的，我们将其视作“积极的逻辑性思考”，就会更容易理解了吧。

这里，我们又要利用树状图这一有效又易懂的方法了。不过，并不是要将过去成功的例子、经验、行业常识、规律等整理成树状图，而是要将那些真正值得进行逻辑性思考的内容绘制成树状图。

这个时候我们需要的是，宽松和拓宽的限制条件。千万不要被“这在本公司是不允许的”这种限制条件所束缚。

我们这里以“如何改良药妆店里的食品柜台”为例。

对于药妆店里的食品柜台，为了增加到店消费的顾客数量，一般会采取“对加工食品降价销售”“减少冷藏速冻食品的数量”的措施，以压低店铺的运营成本。这些都是行业内的通行做法。

但是，如果是从中长期的视角来看，讨论“如何转变食品柜台的营业方向”的问题，就不能再以这样的思路为前提了，而是要站在零售业的角度，将与食品柜台的构成要素有关的候选项都用树状图梳理出来，这样会非常有效果。

在此基础上，将食品柜台的作用、成本等限制条件都去除掉，大胆地选择那些含有“为顾客提供价值”“进一步提高竞争优势”等可能性的候选项，以此推进改良工作。

其结果就是，我们会想出“只销售有机农产品的柜台”“低热量、低盐分的熟食柜台”“全部的产品都明确标注其主要成分的货架”等与现状完全不一样的点子。

坚定信念：发现问题的四个技巧

1. 从不可能中发现可能性

虽然说“有志者事竟成”是坚定信念思维不可或缺的前提条件，但仅仅依靠这一点，仍是无法真正“做成”的。为了达成目标，我们还必须“筛选课题”找出对策，这也是战略性思维中必不可少的一环。

因为坚定信念思维要做到“乐观地相信可能性”这一点，所以我们应抱有“从不可能中发现可能性”的想法，最好能用不一样的视野抓住课题。

步骤1：拓宽视野发现“关注的事物”

抬高视线，视野自然会变得开阔。我们在观察事物时，保持一定的距离或者俯瞰，就很容易弄清楚“无法得出不同构造或认识”背后的原因。

站在列车最后一节车厢的尾部，盯着脚下的铁轨，你会觉得正行驶在一条笔直的线路上；若将视线抬高眺望远处，你才明白这是一条弯曲的路线。

所以，不要再沉浸在以往的工作框架中思考达成目的或目标的方法，试着去拓宽你的视野吧！

例如，一家清凉饮料厂家的负责人，正为自家产品的销售业绩不佳而苦恼，那么他就不能仅仅关注清凉饮料市场的动向，而是最好拓宽自己的视野。说不定他就能发现“便利店里销售的速溶咖啡产品，正在夺走罐装清凉饮料的市场份额”。

还有，人们不只是在饮料产品上消费。如果他通过拓宽视野观察市场整体的情况，就会发现人们在通信、健康保健等领域的消费也在增加，也许将来不会再像以前那样消费清凉饮料了。

之后，头脑中灵光一闪，说不定他还会想到“很多消费者都会在自己家中制作饮料，外出时也会带着喝。所以，不如再调查一下水杯市场的情况吧”。于是，他就有可能洞察到“之所以养成自带水杯的习惯，应该是受到了全社会环保意识增强的影响。那么，我们公司是不是也应该在环保方面，做出进一步的努力呢？”

要将“与我何干”“我们公司的做法应该是这样的”等限制条件都统统去除，以一个更高、更宽阔的视野进行思考，才能发现之前未曾注意到的“重要内容”和“能带来可能性的事物”。

当你的思考陷入瓶颈时，试着从更宽阔、更高远的位置，重新审视问题吧！

步骤2：放大视野深挖“关注的事物”

与拓宽视野正相反，我们还可以通过“放大”的方式，对某一件事物从微观的层面进行彻底的观察分析，从而找出更多的可能性。

例如，当自家产品的销量开始走下坡路时，我们也可以试着将目光集中到某一个顾客的身上。

还是以清凉饮料的厂家为例，那位负责人不仅要关注顾客对本公司产品和竞争对手产品的购买情况，还要以“7天×24小时”的方式，对顾客的生活、消费状态以及行为理由等，进行细致入微的观察分析。这样一来，他就能发现重大的课题或商机，而这些内容不是单纯地通过对市场的平均值或整体趋势的分析就能得出的。

运用“拓宽”与“放大”的方法，建立属于自己的独立视角，你就绝对不可能错过隐藏于不可能之中的可能性。

2. 拓展哪怕“10%的可能性”

要掌握坚定信念思维，就不能再固守之前的常识或规则。坚定信念思维的关键就在于，你能否定多少常识、打破多少规则，你能让想法和创意自由扩展到何处，想法和讨论能夸张到何种程度，这些都是非常重要的事情。

总之，“为了达成目标，××是很有必要的”这句话中的“××”，如果指的是理所当然的事物，就毫无意义了。要达成较高的目标、解决较难的问题，就必须选定一个有别于一般常识和规则的、独特的课题。

很多时候，在坚定信念思维方法中，我们越是找出别具一格的课题——“能将一般人认为概率较低的事情转变成‘可能’的课题”——产生的效果就越明显。换句话说，我们要带着“拓展哪怕10%的可能性”的视角想问题。

例如，现在的手机游戏把年轻人当作重要的用户群体，那么，对于一家刚刚进入市场的新企业来说，如果想让自家手机游戏的业绩有大幅提升，即使是制作面向年轻人的游戏，也不可能轻易达成较高的目标。在这种情况下，也许可以对思路做出一些改变，比如，将以前从未考虑过的老年人当作主要的用户群体，并在这一课题上多下功夫。

作为一家在知名度和资金等方面都十分有限的新企业，要找到一个大的市场突破口，有效的做法就是着眼于开发原本成功率很低的细分市场，哪怕只有10%的可能性也要努力提升，以此作为重要课题。

成功率较低，换句话说，就是行业内半数以上企业都未关注到的“被丢到一旁的事业机会”。

“说不定是个良机呢”要带着这样的想法，把目光放到这10%的可能性上，用逻辑性的思考将其进一步提升。我们就能以这种完全不同于其他公司的视角，占领市场份额并激起更大的积极性。

这种筛选课题的方法，也是坚定信念思维的诀窍之一。

3. 拥有与“持否定意见的人”相反的思路

那些对“达成非常高的目标”或“解决难题”的可能性持否定意见的人，其实是“大多数想法”的一个缩影。“以前没做到的事情，不仅现在做不到，将来肯定也做不到”——基于种种先例，他们坚信结果是相同的。这些人从一开始就得出“做不成”的结论，不可能去追求所谓的可能性，逐渐地结果就会真的变成“做不成”。这就是由“否定态度”和“不可能”形成的恶性循环。

更糟糕的是，他们提出否定的依据未必充分，往往还会加上“不做无用功，才能有更高效率”“重要的是要集中精力”“要回避风险”等“正当”理由，让自己无法摆脱“否定”的陋习。

“效率”“回避风险”这些确实是商业场合很重要的内容，但是也有例外——你真的把“达成较高目标”这件事看得很重要的时候，就不应该再被“效率”和“风险”这样的条件所约束，必须想着“这是有可能的”，然后大胆地拓展自己的思路。

其中一种方法就是逆向思考，与大多数“持否定意见的人”相反的思路思考问题。

- “迄今为止尝试过很多次都失败了，所以肯定做不成。”

→“现在的状况与过去不一样了，这一次应该能做成。”

· “采用新的销售策略会分散原有的促销经费，使整体效率变差。”

→“采用新的销售策略如果会瓜分一部分的促销经费，其实也等于分散了风险。”

→“在采用新的销售策略时，可以思考尽量不动用促销经费的方法。”

→“尝试新的销售策略，也会帮助我们对顾客有新的了解。”

· “挑战新事物的风险太高了。”

→“在我们犹豫的时候，很可能就被竞争对手超越了，这不也是一种风险吗？先人一步，不就是最好的应对风险之策吗？”

→“风险确实会很高，正因如此，我们才要花大力气选定课题，并思考相应的方案啊。”

像这样，我们要让自己站在“否定者”的对立面上，以不同于他们的视角和想法进行“肯定的”分析思考。

要想拥有与“持否定意见的人”相反的思路，我们就必须剔除自己潜意识中“回避风险的意识”。

首先，我们要让自己具有这样的意识：在思考、商量、讨论的阶段，不需要做决定或付诸实践，因此任何想法都是零风险、零成本的。

请大家务必保持这种意识。如果我们在谈论的阶段，就以执行的难度、失败时的损失、缺少必要资源等理由对“新的想法”发起挑战，只不过是自己的一种逃避行为罢了。要放下这些疑虑，相信可能性，抓住课题并想出解决难题的对策，然后，我们再思考实际操作的难度和必要的资源等，继而判断这一对策是否可行。

如果我们在思考和讨论的阶段，就顾虑风险和责任，等于是对工作“踩刹车”。

在坚定信念思维中，我们最应该集中精力思考的，就是追求更多的可能性。

4. 面对信息，要表现出强烈的兴趣

“信息”可谓是一座宝山，其中蕴含了许多能引导我们走向“有志者事竟成”的提示。

但是，能否从中挖掘出宝贝，则取决于你的眼光；挖出的宝贝能否发挥其作用，则取决于你的使用方法。

“发现能带来可能性的课题”——我们要抱着这样的想法处理这些信息。

当我们用一种视角难以发现课题或可能性时，不妨试试换个角度重新审视一番。不仅仅是从自己的视角，还可以借助他人的视角，这也是非常有效

的做法。如，领导、部下、其他部门的人、顾客等，我们尝试变换不同的视角，会让信息的含义也发生改变。

还有，如果我们想要获得很多信息，务必要带着乐观的心态去搜集信息，要对信息表现出很强烈的兴趣。

人们往往面对自己感兴趣或较关心的事情时，才会表现出关注，注意力也会提升。例如，关心植物的人，就会意识到“虽然是同一种植物的花，但是其枝丫和花瓣的形状多少有些差异”，而这是不关心植物的人注意不到的。

在工作上也是一样的道理。对于被大多数人视作“一如既往的销售情况”，当你能带着兴趣分析时，就会发现“新上市的产品在关西A地区的销售情况很突出”。

对此进一步深挖，想到“在A地区，那种明确标识出功能性的产品，也许更受消费者的青睐”。所以，你为了分析A地区的消费倾向，可以再将其他领域的产品销售情况，也拿来一同分析。

这样一来，无论是对A地区的市场特点，还是对自家产品，你都能得出不同的认识。

那些喜欢玩电车模型的孩子，在玩玩具时会表现出强烈的兴趣，还会自创出丰富且个性化的玩法。同样的道理，对“信息”感兴趣的人，会发现其他人注意不到的价值和用处。当你从中获得了他人无法触及的价值后，你的心态和兴趣会进一步得到提升，于是你又发现新的东西，这就形成了一个良性循环。

对“信息”抱有兴趣，你才能找到迄今为止未曾发现的课题以及解决的线索，从而让你更加接近“高目标”。

坚定信念：达成目标的条件

与其他人相关联、寻求合作，在“筛选课题”和“思考答案”时，也是极有效的方式。

我希望大家能将其理解为坚定信念思维的一根支柱。

他人所拥有的知识、经验、视角、想法等，能有助于我们发现独自一人思考时未曾留意到的课题。此外，在思考富有挑战性课题的答案时，运用好他人所持有的能力、技能、资产等，也是非常有现实意义的一件事。

原本我们面对的就是十分困难且从未达成过的“高目标”，所以仅凭一人之力很难做到。即使是一个团队，仅凭团队成员的努力，也仍有能力不够的地方。

我们合作的对象越多，可以利用的想法和能力也就越多，从而为达成“高目标”带来更多的对策。也就是说，最终“有志者事竟成”的可能性也变高了。

例如，销售团队提出一个全新的想法：要将竞争对手的固定客户都“想办法抢过来”。那么，团队成员仅参照销售部门内部各种成功案例难以想出“能做成”的答案。这时，就要借助所有人的力量，才能提高可能性。于是，团队可以请本公司研究所的“高人”，让他们就本公司的技术优势以及未来的计划等，进行相关的说明介绍；还可以请教本公司对接大客户的负责人，请他们说一说使用本公司的产品后所带来的降低成本的效果。

为了得到他们的支援，我们首先要坚信“有志者事竟成”，抱有积极乐观的信念。只有相信可能性的人，才能得到大家的合作与帮助。

反之，如果连你自己都半信半疑，想着“这恐怕有点难办吧”“估计做不成吧”，别人也就不可能与你合作。“要一起去挑战难题的话，对方肯定也会很辛苦。但是，最后真的能得到让双方都满意的成果吗？”如果你像这样没有信心或者犹豫不决，谁都不会向你伸出诚心的援手。

相信可能性并“拉拢”其他人的坚定信念思维，也可以将它看作一名“领导者”的条件。领导者要坚信“有志者事竟成”，这种积极乐观的心态会随之传染给整个团队，让团队的士气和集体感都获得提升，从而带来更高的工作效率与创造性。

坚定信念的优势

掌握找出答案的能力

坚定信念思维就是相信“无论多么困难的问题，都能找出解决的答案”，所以其最大的好处就在于这样做能让我们拓展更多的可能性。

“对我们公司来说，那种事情做不到”“要是能实现，以前不就做了吗”，很多人在接触新的想法和创意时，会抱以这样的否定态度。出现这种反应的原因各种各样。

如果某人的做法和自己不一样，就会觉得自己被否定了。

即使赞成新的做法，可一旦失败了，担心自己也得担责任。

比起挑战新事物，将其否定并坚持以往的做法会更轻松。

虽然，大家都是基于各种想法得出了“做不成”的结论，但共通点都是

“害怕面对风险”。

坚定信念思维则要求人们在任何场合都积极乐观地去追求可能性，才能掌握“找出解决对策”的思考方法与行动方法。虽然这听起来像是大家都懂的道理，但是如果你想要提升找出答案的能力，就要首先相信“答案是存在的”。这才是关键。

先要相信可能性，然后去追求可能性。我们要对“追求可能性”这件事抱有兴趣，才能自然而然地找到解决的对策。

即使我们面对的是很高的目标或难题，也要毫不畏惧地拓宽自己的思路、尝试各种各样的点子。掌握了这样的思考方法和行为方法，毫无疑问，我们会进步和成长，而对于那些想要成为“领导者”的人来说，这也是一笔很重要的精神财富。

人们越是以“进步、成长”为方向去思考和行动，就越是会变得积极，越容易真正实现进步和成长。

可以说，“做不成”的想法主要扎根于过去和现在。另外，相信“哪怕现在不行，但终归还是能做到的”，可以说是面向未来的思路。

专栏

在日化用品公司工作的B的“坚定信念思维”

下面，我以一个实际的研究案例，说明如何用“坚定信念思维”相信可能性，并带着兴趣去追求更多的可能性。

B在一家日化用品公司的生产管理部门工作，主要负责制订本公司主力工厂的生产计划。他与其他部门之间保持着良好的关系，并且深得同事们的信任。

B的公司在今年秋季推出了一款具有战略意义的大型新产品。这是一款采用天然材料制成的，主打“天然”的洗发水。而且，恰好是由B所在的工厂负责生产。如何让这款产品顺利地在市场上站稳脚跟，不仅是B所在的部门，也是全公司上下最优先考量的课题，所以作为生产计划的制订者，B肩上的责任重大。大家都很期待这款产品能挽救业绩，成为公司脱离经营困境的一张“王牌”。

在上市后，这款新产品非常畅销，销量远超当初的计划。由于以“天然”为卖点，所以来自消费者和几家大型连锁零售店的需求非常大。

最近，这一良好的销售态势又有上升的趋势，随之而来的是产品“供不应求”的产能问题也变得越发深刻。对外，公司面临着零售商希望能确保产品供应的压力；对内，各销售部门之间出现了争夺产品的情况。公司面对的既有扩大产能的需求，也有“不想错过产品上市之后的黄金销售期”的焦虑。此外，由于该产品必须采用专门的生产线制造，所以很难一下子就扩大产量。

是“危机”，还是“机遇”

大型零售连锁α集团是B所在公司的商业客户，其希望能在旗下多家门店里销售这款超人气的新产品。所以在α集团内部的会议上，经营管理层向负责采购的部门提出“厂家供给的产品数量，不能少于竞争对手”。α集团的采购负责人实在没有办法，只好把平时从不参加谈判的常务董事请了过来，以此向B的公司施压。

实际上，包括α集团在内，B的公司已经收到了三家大型连锁零售商提出的相同要求。这三家都是公司最大的商业客户。因此，如何公平地应对每个客户的需求，让销售部门和一直被抱怨的B所在的部门都陷入了大混乱中。

责任心强的B在最开始，也只是在思考所谓的“对症疗法”，即按照下周、下个月等形式逐步、分阶段地增加产量。不可否认的是，他尽量让自己部门不被责怪，这也是他需要优先考虑的事情。

B的性格天生比较乐观，很快就转换了思路，他试着从更远的、不一样的视角，重新审视眼下自己和公司面临的状况。

如果从消极的一面来看，目前产品产量不足，商业客户与销售部门之间互相争夺资源，本部门作为生产计划的制订者肯定会受到责难。如果B沿着这个思路想下去，只能是让每天的产量增加一点，以此减少各方的抱怨。但是，如果我换个观点、换个角度来看呢？

虽然“产品断货会让情况变得更严重”，但是如果从积极的一面来看，就是“众所期待的新产品取得了超预期的销售业绩，这恰是公司恢复业绩的良机”。与“倘若这款新产品提升产能以后出现滞销的情况，之后就不得不减产了吧”这种情况相比，目前应该高兴几十倍才对。

将产品供不应求的状况理解为“新产品大获成功，是公司业绩走向恢复的第一步”，这让B的心情和想法都发生了变化。于是，他重新审视了原本的目的（让这款大型的新产品顺利地在市场上站稳脚跟，恢复全公司的业绩），开始从更广阔的视野上思考生产计划，而且他坚信“有志者事竟成”。

抓住本质性的课题

当然，B该如何制订生产计划以满足当下产量最大化的要求，以及如何推进中期的增产计划等是绝对要去完成的工作，也是其部门的职责所在。

但是，他并没有把目光只放在这一点上，为了达成目的，他还以更高的视线与更广阔的视野，捕捉真正本质性的课题。

以随机应变的方式调整生产计划，只能应对好这一次的问题。但是，从该产品迅猛的销售态势来看，仅做到这一点并不能完全解决问题。如果将该产品当作支撑公司整体业绩的支柱和中长期成长的动力来源，难道不应该对产品的生产、销售重新做出安排吗？

因此，B将目标重新定义为“将新产品打造成中长期内能产生最大价值的主力产品”。虽然，这已经远远超出了生产管理部门的职责范围，但是与原本的目标相比，这个目标更加正确。虽然这是一个很高的目标，但也正因如此，才有实现的价值，可以说是一件值得大家提起兴趣去做的事情。

接着，B又重新分析了与现状有关的各方面信息。他利用坚定信念思维思考：要实现这一目标必须解决什么问题呢？

于是，他有了很多新的发现。其中，最重要的一条就是“问题并非出在新产品的产能不足或大型连锁零售商之间的抢货”；最最深刻的问题是，销售部分对客户进行的促销策略与工厂所能提供的产品供给之间的完全不匹配。导致出现这一问题的深层次背景，是长年以来销售部门与制造部门之间十分糟糕的协作状态。

思想与心理准备合二为一

为了解决目前新产品供不应求的状况，以及“销售与供给的不匹配”这个最重要的课题，B认为强化销售部门与制造部门的协作是必须做的一件事。如果想在中长期内让新产品保持持续增长的势头，两部门就必须协同配合才行。

这样的想法已经超越了B自身和本部门的职责范畴，需要在全公司进行组织改革。这才是本质性的课题。

B作为一个生产管理部门，又是一个年轻的员工，竟然提出要进行组织改革，难免会招来他人的闲言碎语：“做得太过头了，这是为了出风头吧！”也许，还会导致相关的其他部门之间发生摩擦。这就要求发起者做好无视这些问题、积极推进组织改革的心理准备。要想达成非常高的目标，就必须有克服艰难课题、批评以及矛盾的心理准备。

拓宽限制条件

“将这款主打‘天然’卖点的大型新产品，打造成中长期内产生最大价值的主力产品”，要达成这个目标，最重要的课题就是要以“销售”和“制造”这两个部门为中心，包括其他部门在内，进行有效的协同合作。为此，该怎么办才好呢？B开始思考解决之策。

首先，要将“能推进多个部门间协同合作的雏形”当作重要课题。

对此，B想出的一个答案是“召开一次相关部门参加的横向全体会议”，这样一来就必须重新划分各部门相应的权限与职责。

果不其然，这个想法一提出来，销售部门的一大半人都表示反对：“提出这样的方案，不是生产管理部门该做的事。”连制造部门也出现了批评的声音：“做得有点过火了……”

扩大“对象”的范围

因此，B一个一个地找各部门的主要领导进行商谈。

他表示，这款新产品具有给本公司带来巨大成长的可能性，为了最大限度地发挥出这一潜力，我们不仅要解决目前的紧急事态，还要通过定期的部门间会议，共享和整合促销、销售、制造、物流等方面的计划。

尽管如此，还是有人提出反驳：“虽然我承认这款新产品有很大的潜力，但是目前还是应该专心解决好产品的供应问题，要从这个角度出发，在各部门间进行交涉才是当务之急！”“也许有必要召开一个会议，可这不应该是由你生产管理部门挑头做的事情。”但是，因为B充满热情又不厌其烦地游说各部门，赢得了一些部门领导的支持，慢慢地其他部门的领导也开始赞同这一想法。

其结果，就是决定召开第一次的跨部门会议。第一次的会议能否成功将关系到今后部门间协作是否顺利推进的重要契机。但另一方面，让这些每天都在争抢产品、反复催促产量的同事坐到一起，恐怕不仅实现不了协作，还会激化矛盾和争执吧。

关于这一点，在筹备这次会议时B就想到了，他提出了一个大胆的想法：“关键是要让这几个部门通过讨论问题，形成有建设性意义的解决对策。因此，必须有一个主持人引导和控制场面，而能担此大任的人除了拥有很强的控场能力外，自身还要保持客观中立。因此，可以从公司外面找专家担任这一角色。”

这可是前所未闻的提案，虽然引来了疑惑和反对，但是销售总部的部长十分赞成这一想法，他表示：“因为我们要打造的是能承担全公司未来的一款产品，所以这是一项巨大的改革，为此我们尝试一些新的想法也未尝不可。”于是大家一致决定从外面请专家参与这次跨部门会议。

最终，B的公司为了实现“将这款主打‘天然’卖点的大型新产品，打造成中长期内产生最大价值的主力产品”这个高目标，集中精力解决“彻底实现各部门间的信息共享与协作”这一最重要的课题，想出了跨部门会议、分科室会议、网络信息共享系统等许多的解决对策。

第3章

洞察思维：

带着好奇心，挖掘问题的本质

洞察思维：要点

1. 带着好奇心去分析

所谓“洞察思维”（Insight），就是指通过时常对各种信息进行分析思考，深入挖掘，得出独立见解的一种思维方法。只有不断重复这一过程，深入挖掘，我们才能逼近事物的本质，把握“为何迄今为止都做不成”这样的本质性课题，以及发现那些帮助我们达成高目标的课题。

在运用洞察思维时，最重要的一点就是“好奇心”。我们处理信息时带着好奇心、兴趣和关注，才能找出更深刻、更独特的含义。投入更多关注度的人，往往能在信息中发现被忽视的线索。以好奇心为出发点，进行深入挖掘，也会使我们的兴趣和关注度得到进一步的提升，这就形成了一个良性循环。

需要注意的是，洞察思维并不单单停留于对信息的搜集和加工。

在商业场合中，人们在研究问题的本质时，遵循的还是“先搜集信息，再分析”的套路。所有人都日复一日地重复着这种看似合理的过程。所以，有的人可能会产生误解——“洞察思维，我不是已经掌握了吗？”

令人意外的是，很少有人能在实际工作中做到真正的“分析”二字。你的确搜集了信息，也对问题的现象有所把握和了解，但这仅仅是停留在这一层面上了。这种“分析不足”的情况非常普遍。即使这种做法也称作“分析”，但实际上不过是对信息或数据进行了汇总和加工罢了。

在你工作的过程中或者公司所制作的资料中，是否也存在这种“分析不足”的情况呢？大家最好将手头的资料，再好好地看两眼吧。

在会议上，常有这样的发言：“这款产品上个月的销售数据是……”也许，上个月的销售数据确实是与这款产品有关的重要信息，但是作为发言者没有对其进行思考，只是把这些客观数据分享给与会者，这就是“分析不足”的一个例子。

“分析”，就是要沿着原本的目的对信息进行加工和组合，从而挖掘出其中的含义。“发生这样的情况，其根本原因在于×××”“市场与环境出现的这种变化，将有可能给本公司带来威胁”——如果我们不能推导出类似的结论，就等于没有进行分析。可以想象，这些真正有益的信息如果没有发挥其价值，对一个公司而言，结果将会怎样。

2. 要有自己独特的见解

通过洞察思维得出的结论必须是“属于自己的独特见解”才行。只有“独特”才能产生价值。

那种“既正确又独特的观点”固然是最理想的，但要实现这一点很难。在这种情况下，比起“正确但平庸的观点”，“有错误但很独特的观点”就要好很多。那种“既错误又平庸的观点”就不说了，无论你的观点多么正确，如果是别人说过的内容，那么你如何强调，都不会产生新的价值。

在商业场合中，采用与对手相同的想法不能带来差异化，也不可能让你在竞争中占据优势。当你挑战一个难题时，如果只能得出与之前相同的看法，那么最终得出的结果仍是“做不成”。

遗憾的是，很多“从不犯错且优秀”的商务人士，却会频繁地做出类似这样的发言。

“市场发生了结构性变化，顾客的需求也在改变，但我们公司的应对措施太滞后了。”

“我们有必要改革本公司的工作流程，推进多样化也是很重要的事情。”

这些意见的确很正确，谁听了都不会提出异议，所以很多人都开始学着这么说。但是，仅仅做到这一点，仍然无法解决公司眼下遇到的问题，也无法得出解决对策。

一般性的概念或者流行的话语，其可怕之处就在于“它的确是正确的，不会产生异议”，但是在事态比较紧急的情况下，这种发言就等于是停止了思考。在会议上做出这样的发言，也等于是让整个会议陷入了“停止思考”的状态。“对我们公司来说，真正的课题是什么呢？”关于这一问题，我们不能只停留在浮浅的层面上，而是应带着好奇心继续深入挖掘，直至得出自己的独特观点。切记，我们一定要有属于自己的独特见解。

此外，在开会和讨论过程中，不要忘记“独特”的重要性。在讨论时，要毫不胆怯地提出自己的意见和想法。如果我们鹦鹉学舌式地重复他人的观点，虽然能让自己与他人保持正确，但是整个讨论的进程都将无法向前推进。反之，如果是“有错误但独特的内容”，经过讨论以后，则有可能产生出独特的见解。

独特的见解常常会带来质问或者“在赞成与否定中二选一”的局面，在这样“一来二往”的过程中，我们能从多个方面分析问题。毫无疑问，这也是“提出独特见解”的价值所在。

3. 你与他人有何不同

“如果是与他人相同的正确答案，就没有了附加价值”，这句话你肯定也听说过吧？在很多的组织中，这种“没有价值”的内容却一直在横行。

“正如你说的那样，我也觉得A方案更好。”

“产品开发的基本要求，就是对客户的了解。此时，我们要试着重新分析客户的需求，可以按照××的观点行事。”

“我们团队去年也经历过……因此，我们认为问题点正如××刚刚指出的那样。”

这些都只是在单纯地表示同意，虽然也提供了一些新的信息，但最终的结论仍是一成不变的。虽然这些人也展开了自己的论述，但最终得出的仍是与他人相同的意见。你或多或少的也遇到过类似的发言。这仅仅是将丰富的见解摆出来的一种普遍性的做法，可是关于议案的赞成与否，大家却出奇地保持一致，这样是不可能产生附加价值的。

为什么在许多组织中会广泛出现这种“症状”呢？我想，主要原因无外乎这几种：不想承担风险，希望顺利完成工作的主观意识；讨论时怕遇麻烦，精神上的疲倦导致最后采取逃避的态度；对于反驳其他部门或前辈提出的意见，感到有所顾虑或犹豫。

为了在工作中创造新的价值，获得进一步的成长，我们要时常进行独立思考，给自己定下“将意见说出口”的规则，并每天刻意训练。为此，最好养成以下两个自问自答的习惯。

“这个观点是新的吗？”

“与其他人有何不同之处？”

即使你认为“这是我自己想出来的好方法”，但是如果已经有人提出了，就不具有独特性。每次头脑中冒出什么想法时，你就要问一问自己：

“这是新的内容吗？”如果发现“这不是新的内容”，就果断地弃之，重新思考下一个点子。

如果你认为自己的想法中，确实具有一定的独特性，就要再问一问自己：“与他人有何不同之处？”“与此前说过的内容有何差异？”这样做虽然很麻烦，而且对自己来说未免太过严苛，但这是得出“独特答案”必不可少的环节。

所以，请大家一定要养成这两个自问自答的习惯。如果总是想着“按照这个规则会很麻烦，而且很困难”，我们就无法继续进行下去了。我们要带着一颗好奇心去思考，这才是养成自问自答好习惯的秘诀。

4. 摆脱“模式化思维”

好奇心旺盛的人，从不会照着旅行攻略旅游。他们会去寻找并非面向游客的餐厅，并在那里品尝当地地道的美食。而大多数人还是会参考旅行攻略或旅行网站上的推荐信息，虽然这样也能顺利地享受旅行，但并不会产生真正独特的体验或新发现。

同样的事情在工作中也时有发生。当你思考时，如果仍是沿用他人的意见或常识，那么，大多数时候你会误认为是自己得出的“答案”。

太过于依赖大多数人的想法、常识、规则等，需要面对的风险确实是低了，也更容易给出回答，但是，这样的思考方式，不可能调动工作的积极性让我们快速成长，也不可能解决难题。这种“模式化思维”的代表性例子有以下两种。

完全照搬他人的想法

“由于对未来的不安，所以消费变得低迷。”对于这种笼统的概念和通用的解释，在同一家公司中，会有很多人原样照搬这句话。可是，人们从未进行过思考，只是借用既有的内容。

将问题归结于抽象的因果关系

“产品之所以不好卖，是因为没有满足消费者的需求。”人们常常将问题归结于这样抽象的因果关系。这种说法固然正确，却不能解决任何问题。“到底是什么需求呢？要如何满足？发售的时机是什么？价格、品质、品牌形象又如何界定？”——关于这些明明还有进一步深入挖掘的余地，但是人们却在一开始就停止了思考。

模式化思维最大的问题在于，它会让你的思考停止。如果你也经常听信社会上常见的想法、流行的套话等，最好立刻改掉这个习惯吧。模式化思维往往倾向于将“原因”与“结果”混合到一起，但正因为社会上充斥着这些想法，才体现出“深入进行纯粹的、理论性思考”的重要性。

面对同一个事实、同一个状况，我们应得出属于自己的独特见解。只有得出与他人不同的观点，才是实现差异化的原点。

从一个现象中理解出不同于他人的含义，然后将得出的内容进行组合，从而进一步得出独特的观点。如此反复，我们就能拥有属于自己的独特想法与创意。所以，洞察思维的基本要求之一就是摆脱模式化思维。

洞察思维：发现问题的三个技巧

1. 灵活运用逻辑树状图

逻辑树状图是进行逻辑性思考的基本工具，是对某一个事物或概念的组成要素进行逻辑性分解的手法。我想日常生活中有很多人都在使用这一方法吧，也有人能在头脑中进行类似树状图式的思考。

例如，构成某个对象的要素有3个，首先可以分出3根“枝丫”，然后接着对每一根枝丫再分解要素。反复这一过程，我们就能分阶段地画出更多的枝丫，从形状上看确实很像一棵大树。

树状图的重要功能在于，能够让我们把握全局，并且能让关联的要素都显露出来。

此外，树状图的用途也很广泛。除了能用来对整体进行分解，还可以反过来运用，将不同的组件堆积起来能帮助我们看清楚全局的状况。在整理信息中所包含的要素，以及列举造成某种情况的要因等方面，它也是很有效的。还有，当我们要从信息中提取出某些含义时，或者要找出为达成目标需要解决的课题时，树状图都是一个很有用的思维工具。

绘制树状图时，要注意做到“无遗漏、无重复”。

如果在划分枝丫时，遗漏了某一根，我们就很难准确把握整体的情况了，也无法准确找出必要的课题，得出的解决对策将是有偏差的。

举个例子，当我们针对某种症状探寻病因时，如果在树状图上出现了遗漏，那么很有可能就会错过真正重要的病因。所以说，我们在绘制树状图时一定不能遗漏。至于“无重复”的重要性也可以用探寻病因为例说明。我们为了探寻引起某种症状的病因已经绘制出了树状图，可如果多个枝丫包含有相同的原因，即使我们能沿着树形结构继续探索，也无法排除掉不相关的病因，或者查出某个特定的病因。

相对来说，我们更容易做到“无遗漏”。只要在每次使用树状图时，多加注意和确认就可以了。难的是要做到“无重复”这一点，无论我们如何多加注意和反复确认，都未必能做到完全没有重复，所以只能尽量去接近“无重复”的状态。

不断地运用逻辑树状图，才能提升你的熟练程度。无论是工作，还是工作以外的事情，我们都要能抓住各种机会使用树状图，以便让自己养成这样的思维习惯。多次重复和不断地积累经验，才是最好的训练方式。我希望大家都能带着“无遗漏、无重复”的意识，将树状图应用在日常生活中，以此锻炼思维，积累经验。

2. 训练“空—雨—伞”思维

为了让部下掌握“从现象或信息中提取出含义，并得出结论”的思维方法，我在麦肯锡东京分公司工作时常用“空—雨—伞”的例子。

“空”指的是事实、状况、信息；“雨”指的是从其中提取出的含义；“伞”是指基于这些含义所得出的结论（如答案、行动等）。我们要训练自己以分步骤的方式进行思考，有意识地将“空—雨—伞”运用到逻辑性思考的过程之中。

当我们抬头仰望天空时，会发现“乌云正在增多”这样的状况，这属于客观事实。其他人看到同一片天空时，都会看到这一共同的事实，得到相同的信息。

而通过对这一信息的思考，我们能推导出“今天下午要下雨”，最终得出“如果天气这样，我出门时最好带把伞”这样的结论、行动。

这听起来，好像以“空—雨—伞”的方式进行思考是一件很简单的事情。但是，在实际的工作中，要有效地运用这一思考方式却很难，其主要会面临以下两大挑战。

第一大挑战是“没有真正按照这三步进行”。

很多人并没有按照“空—雨—伞”这三步进行。在工作中，只做到了其中的两步。特别是很多人是以“空—伞”的方式思考问题的。也就是说，当他们看到某个状况或者得到某个信息后，就立刻给出了结论。

“新产品的销量不够好→加大电视广告的投放量。”

“傍晚时间段，超市里的食品销量出现下滑→对鱼类和副食品类进行限时促销。”

像这样，对于现象中所具有的含义未经过思考，马上就给出了对策。

实际上，这种情况大多是经过了“无意识的雨”这一步后，才决定了最终的“伞”。“无意识的雨”是指过往的经验。“虽然出现了A状况，但其多数时候意味着B，因此可以采用与过去相同的做法C”，这就是得出结论的全过程。

正如之前所说过的，从本质上而言，这不过是一种可反复运用的“套路化应对”。但是，当我们在变化的过程中表现出同样的状况时，当我们必须从相同的信息中得出不同于他人的答案否则就没有意义时，如果仍沿袭“无意识的雨”，我们就不可能达成“目的”。

此外，还有一种情况是很多人只做到了“空—雨”这两步。他们能从信息中得出自己的见解，但是也仅限于此，无法进一步给出结论或行动。我们常说的“评论家型”的人差不多都属于这一类。虽然他们能基于数据准确地分析并给出独特的见解，但是却说不出该如何应对。这种情况在拥有较长业务经验的本部门优秀员工身上非常常见。

第二大挑战是能否从同样的“天空”中看见有价值的“雨”。

虽然“天空”是相同的，但是不同的人、不同的场合、不同的目的所能看见的“雨”却是各种各样的。

例如，黄金周后半段高速公路的路况，竟然比想象中还要空旷，这属于“空”的客观事实。那么从这一事实中，能看见各种各样的“雨”就是不一样的意义了。

打算从旅行地返程的司机，会认为：“今年黄金周前半段是4天连休，所以出去旅行的人或自驾的人肯定在那时达到了顶峰吧。今天和明天路上应该就不会太堵了。”

对于在地方度假地经营餐饮连锁店的人来说，重要含义是：“路上的车这么少，看来今年黄金周的销售额恐怕无法达到预期了。”

另外，在东京都内经营餐饮店的人，也许会这样认为：“今年黄金周后半段的销售额，可能会超出之前的预期呢。”

东京的出租车司机则会认为：“要是这样，在连休结束后的那几天，东京都内的交通肯定会非常拥堵。”

虽说，让自己发现各种各样的“雨”算是一种思维上的训练，但是就商业实践来说，那些“与自己或本公司直面的状况相关，或者对达成目标有实际意义”的内容，以及“同其他一样看着天空的竞争对手不一样的、独特的雨”，才具有真正较高的价值。

以“空—雨—伞”的方式筛选课题的技巧同树状图是一样的。总之，我们要有意识地给自己定下规则——必须在日常生活中反复让自己按“空—雨—伞”这三步进行思考。

当你看到预想中的某个客观事实时，不要马上给出结论，而是要思考其中对自己有价值的含义是什么；不要只当一个“评论家”，而是要给出明确的结论。像这样，反复贯彻这种思考方式。

3. 反复五次询问“为什么”

洞察思维能让人不断深入挖掘分析问题，而反复询问“为什么”（why）则是其重要工具。

思考“为什么是A呢？”如果得到的答案是B，就接着思考“为什么是B呢？”像这样，不断地重复这一步骤，才能找出引发问题的真正原因或者深藏表象之下的本质。

例如，针对“主打产品卖不动”这件事，你就要去积极思考“为什么……？”

如果你最初的答案是“我们的产品没有原创性”，就可以再一次思考：“为什么我们做不出有原创性的产品呢？”

这次的答案是“研发经费不够”，然后就可以再一次思考“为什么”，即“为什么研发经费会不够呢？”

接着，我们得到了“公司在研发方面不够重视”这样的答案，所以可以继续反复询问“为什么”。

乍一看，这个方法好像很简单，但是，我们要在满足以下两个条件的基础上进行询问，就不那么简单了。

第一个条件：对于“为什么”的提问，其回答必须得是更加具体的、更深一层面的内容。

“为什么研发经费不够呢？”针对这个问题，如果答案是“连续三年给研究所的预算一直没有增加”，那就仍是在同一个层面上徘徊而已。洞察思维要求我们保持一颗好奇心，向下深入挖掘，而不仅仅是在横向上移动。

第二个条件：“为什么”的提问与回答要具有逻辑上的关联性。

还是以前面的例子来说，“为什么做不出有原创性的产品呢？”我们想到的答案是“研发经费不够”。实际上这个回答在逻辑性上存在少许跳跃性，很难说关联性很强。

当然，“做不出有原创性的产品”的原因是“本公司的体制出现了‘大企业病’的趋势”等答案，在逻辑上的跳跃程度就更大了。

另外，如果做不出具有原创性产品的原因是“对顾客潜在需求的分析和洞察不够”“迄今为止采用的一直是模仿其他公司热门产品的经营战略，所以非常缺乏能独立研发产品的人员”，在逻辑上的关联性更强一些，我们可以进一步深入挖掘。

希望大家不管遇到什么问题，都能试着反复询问“为什么”。在逻辑上一层层深入，不要有跳跃，也不要在横向上移动，以此为前提反复询问个三四次“为什么”，你就会陷入思维的困境了。但也正因如此，我们才说这是帮助我们掌握洞察思维的得力“帮手”。所以，请大家在满足这两大条件的基础上进行思考，多多积累经验。

还有，当你拿不准自己思考得是否深入、在逻辑上是否跳跃或者没有自信时，可以和其他人商量，或者让他们帮忙确定，这也是一个不错的方法。请好好加以实践吧！

洞察思维：达成目标的两个条件

1. 反复询问“如何做”，将对策具体化

和反复询问“为什么”一样，反复询问“如何做”（how）的方式，也能促进洞察思维。将反复询问“如何做”当作一个工具，以此推导出具体的、能马上付诸行动的可行性对策，或者是更加有效的解决方案。

当我们在思考问题时，要不断地问一问自己“如何做”，即采取怎样具体的行动、什么样的实际做法，才能找出解决的对策。

当我们得出一个答案后，对这一答案继续询问“如何做”，又得出了答案后，再一次思考“如何……”像这样，通过多次的重复思考，我们的解决对策会更加具体。

例如，某家企业希望能加速扩张在海外市场的业务，为此得出的解决对

策是“持续增加具有海外工作经验的年轻员工比例”。

对此，我们就可以反复去询问“如何做”，得出一个具体的、可行性的方案。“如何做才能增加具有海外工作经验的年轻员工比例呢？”对于这个问题，我们可以想出“每年从工作不满10年的员工中选拔一定数量，然后派遣到海外”。

接下来，又可以继续询问“具体该如何做呢？”回答可能是“将为期18个月的海外研修计划变成一项制度，然后公开招募并选拔有资格的候选者”。

然后，我们就可以进一步思考“该怎么做才能让员工在这18个月里获得有意义的海外研修经验呢？”对于这个问题，具体来说就是“不仅派遣到本公司的海外事务所，也要去商业客户的海外分店、工厂等地研修，这需要依赖其他企业的大力协助”。

同询问“为什么”时一样，在注意逻辑性关联的前提下，反复询问4—5次“如何做”以后，我们的思路常常会遇到一个瓶颈：“这是怎么一回事呢？该怎么做才能成功呢？”我们越是带着这样旺盛的好奇心，就越是能通过反复询问“如何做”得出具体的对策。正因如此，我们才说它是强化洞察思维的有力工具。

试着对实际工作中遇到的各种问题，都百折不挠地反复询问“如何做”吧。同“空—雨—伞”的要求一样，要充分注意避免逻辑上的跳跃，以及横向上的移动，带着一颗好奇心，一层一层地深入挖掘。

2. 借鉴不同领域的想法

洞察思维的重点就是好奇心，但我们不应该只是对自己的部门、公司、行业抱有好奇心，而是应该进一步扩大对象，对不同的行业都抱有好奇心。我们要抱着学习和借鉴的心态去关注其他公司、其他行业的知识和信息。如果我们能从中找出对自己或公司有价值的含义，那么，洞察思维是你不可或缺的最强大的武器。

“不，我们公司和我们所在的市场都太独特了。”

“我们这一行很特殊，所以其他行业的案例都用不上。”

如果你立刻提出这些反对意见，就表明你的视野与关心的范围都太过狭小了。一颗广泛接纳异文化的好奇心以及开放的心态，才是洞察思维必不可少的部分。

我们常会听到这样一句话：“其他行业的常识，对我们来说就是革新的内容。”

高级汽车的销售商与展厅会学习酒店和主题乐园接待客人、培养人才的方法，就是经典的案例。金融机构的票据管理以及业务流程的效率化改革，也可以借鉴机械制造业和汽车制造业的经验。

再比如，服装业每个季度的宣传广告可以参考电视、杂志等媒体的做法；生产原材料的销售部门可以从便利店那里学习按周管理销售的流程模式。

此外，在商业领域也可以有效地借鉴其他领域的常用手法、最佳训练方法等。例如，人事部门也许可以借鉴电影、舞台剧等常用的角色分配方法；职业体育的管理方式也许也可以用到企业改革中。乍一看好像二者是相隔很远的行业，但如果能从中学到东西，对公司或所在的行业来说，其思考出具有创新性内容的可能性，也会变得更高。所以，大家要享受这种不同行业之间案例与知识的碰撞。

除了一部分的天才，大部分人（包括我自己在内）都不具有仅凭一己之力就能创造出新事物的能力。取而代之的是，我们可以了解不同领域、不同世界的或者历史上优秀的知识与想法，丰富我们自身的知识储备。并且，为了达成目的或解决问题，我们还要能灵活地运用好这些内容。只有做到这一点，我们才能诞生出各种各样富有独创性的想法。

这样的人常被称作“方案宝库”。他们有着丰富的知识才学并能灵活地运用，从而得出能达成高目标或解决难题的对策。我们就是要把“成为这样的人”当作自己的目标。

实际上，在借鉴其他领域的想法时，还要注意以下四点。

步骤1：首先要有一个开放的心态

这里要再强调一次，“情况不一样”“行业不同”“我们很特殊”“隔行如隔山”这种情绪，我们最好全都“封印”起来。不管是哪个领域、哪种状况、哪个行业的内容，我们都要以一个开放的心态去听一听，这才是最为重要的大前提。要带着好奇心、关注度、兴趣，想一想为什么他们能做得很顺利呢？为什么他们能取得很好的成果呢？为什么他们能获得成功呢？像这样进行深入挖掘。一定要相信，这些信息中肯定含有对我们有益的东西。以开放的心态学习不同领域的想法和成功案例吧。

步骤2：思考的过程也应做到开放

除了保持一个开放的心态以外，我们思考和讨论的过程也应做到开放。虽然说我们要进行充分的思考，但是仅凭一己之力还是很难做到的。在这个过程中，我们可以就自己的想法、需要的信息以及知识等向周边的人寻求帮助，让他们从不同的视角进行审视。无论是寻求帮助，还是帮助他人，我们都要有一个开放的心态。这样一来，能增进相互间的好奇心与关注度。比起一个人“闭门造车”，我们更应该求助于更多不同领域的知识和信息。

步骤3：照单全收，不要进行加工

在运用“异文化”时最大的注意点，就是不要加入自己的诠释或加工。人们常会认为：“因为是不同领域的想法和知识，必须加工一下，以适合本行业或公司的现状，所以要有自己的诠释，将其消化之后再加以利用。”

但这是一个思维的陷阱。我们明明对不同领域的事情知之甚少，却硬要加入自己的诠释，这样一来，好不容易到手的宝贵信息或有用的知识，就会有变得“似是而非”的高风险。正因为是不同领域，当我们决定要去学习的时候，才要相信这些内容并照单全收。之后，再尝试将其运用到自己的工作中。

步骤4：磨炼能力，找出可用部分

不同领域的知识是可以给我们带来革新、强有力的武器。不过，那种无法适用于本公司、本行业的情况，也是有很多的。我们不能因此就轻易放弃。即使不能将其整体照单全收，也要带着百折不挠的好奇心去思考："其中，哪些部分是能够直接运用起来的呢？"这一点很重要。通过反复这一过程，我们才能提高借鉴与运用不同行业领域知识的能力。

洞察思维的优势

带着好奇心去挖掘，才能了解其“本质”

看问题不能只看表面，而是要透视其本质，才是一件正确的事情。我想没有人会对此唱反调吧。

无论是思考目的，还是思考课题、问题点，如果我们不能准确把握“其本质到底是什么？”这一点，就肯定得不到适切的答案。在思考“工作动机”以及“企业改革”的过程中，更是要求掌握本质的内容。我想大家都已经达成了共识，那就是“本质”才是最重要的。

那么，“怎么做才能找出问题的本质呢？”我想很多人为此都很伤脑筋吧。我们可以运用很多思考方法寻找事物的本质，而洞察思维就是其中的一种。以一颗好奇心和逻辑性的思考，对表面现象进行深入挖掘和洞察，从而找出真正的本质。这就是洞察思维的优势。

深入思考并非易事。如果只是笼统地思考，是找不到线索的，只能让自己仍停留在表面现象上。因此，深入思考的关键就在于“好奇心”这三个字。

举个例子，以“我们脚下的地面”作为思考对象。乍一看好像是很平整的地面，但如果我们带着好奇心去仔细观察……

“虽然地面看上去很平整，但用手一摸还是凹凸不平的。”

“虽然脚下很平整，但是回头一看，就会发现那里有一块小岩石。”

如果我们试着去挪动那块岩石，又能发现有一处小洞穴。“这是什么洞呢？是蚂蚁的窝吗？”尝试去深挖后，也许会发现地下覆盖着的整个大空间吧。

“如果用钻头在此处继续向下挖掘，会怎样呢？”

像这样带着感兴趣的心态，进一步地深入了解。我们就会有连续的观察与发现，所以“好奇心”是洞察思维的基本要求。

掌握了洞察思维后，再面对“产品卖不动”等问题现象时，就不会再停留在“经济大环境不景气”“产品太平庸”这种表面理解上了。

以一颗好奇心去深入探究“产品卖不动”的原因，找出真正本质性的课题，然后才会冒出从未想过的全新想法。

此时，我们不应再眉头紧锁，而是要去享受这一过程。像小孩子一样，借助好奇心展开思想的冒险之旅。这颗爱玩之心，才是让我们接近事物本质的捷径。

专栏

在IT公司工作的C的“洞察思维”

下面，我想以一个实际的研究案例，说明如何以“坚定信念思维”带着一颗好奇心深入挖掘本质。

C供职于一家信息系统服务企业的经营管理部门。他求知欲旺盛，不仅学习了大量有关经营管理的知识，连信息系统的知识也都有所涉猎。

他的公司在兼并收购方面表现得十分积极。三个月前刚刚收购的一家数码行业的创业公司，成为其旗下的子公司。虽然他的公司在收购完成后，就对子公司提出了同母公司一样的要求——定期提交月度报告，但是交上来的材料总是不令人满意。此外，以子公司经营管理部门的员工为对象，实施了介绍母公司管理体系的培训会，但大部分人并没有理解培训的内容。

为了将母公司的管理制度与流程顺利导入子公司，同时也为了打开当前的局面，公司设立了一个专项组，由C担任负责人，目标就是要提升子公司的管理制度、品质与输出内容。

为了实施好这个项目，C访问了收购的子公司，在那里他目睹了该公司经营管理的实际状态：因为这个子公司创业才几年，所以经营管理者多为从其他公司跳槽过来的员工。除了经验丰富的部长外，其他人脸上都明显写着“经验不足”四个字。

再加上，突然出现了一个母公司，他们多多少少有一些警戒心和抵触情绪，这也是没办法的事。无论是对母公司主导的这个项目，还是对C个人而言，公司上下好像都不能很快地融合。

在确认了实际管理方面的输出内容、规章以及流程后，C发现子公司在品质上也存在问题。

C认为“虽然大体上都正确，但是公司处在一个竞争非常激烈、要求快速开展业务的行业。所以，能否尽快地按月度、年度提交业绩数据，能否灵活地加工和提供经营判断所需的信息并从中发现商机，都会带来较大的影响”。因此在他看来，这家子公司沿用的依然是陈旧的经营管理体系。

作为快速成长的初创企业，C在管理和经营等方面没有投入太多的精力。其管理系统中的很多地方看起来也像是“暂且先用着”

的状态。当然，因为子公司用的系统与C公司用的不同，所以他必须赶快进行整合和替换。

不要只看眼前问题，而是要关注目的与课题

无论怎么看，收购来的子公司其在管理方面，都有一堆短板和问题。可是，好奇心盛的C并没有只关注这些问题，他更关心的是“为什么会产生这么多问题点呢？”因此，他做了进一步的调研，发现不仅子公司有问题，母公司的经营管理体系本身也有问题，其太过复杂以致超出了必要的程度。

C以此为契机，认识到“如果只关注眼前的问题是无济于事的。母公司的管理体系也存在问题，也应该纳入本次要解决的目标之中。为了达成目标，我要集中力气找出真正重要的课题”。

用逻辑树状图绘出当前与目标之间的鸿沟

该项目原本的目的是要让收购的子公司实现与母公司相同的管

理水准，同时，还要增强管理流程与体系的互换性。但是，C自作主张地对项目的目标做了重新修正。

今后，母公司肯定还需继续进行兼并收购，集团的业务也将变得越来越多样化，在经营管理方面也会接触到各种风格。所以，如何进行相互之间的融合与整合才是真正重要的经营课题。

于是，C将自己所负责项目的目标重新定义为“不仅限于收购的子公司，还包括母公司在内，对整个集团实施经营管理的一体化改革，以提升管理的质量”。在此基础上，他还运用逻辑树状图分析出了为达此目标而必须填补的“鸿沟”。

C将树状图中那些通过增加人手、增加预算就能解决的项目都一一去除掉，最后剩下来的，就是关系到能否真正实现目标的重要课题。

反复询问五次“如何做”，将对策具体化

分析课题的视角不是思考“做不成”的理由，而是将目光放在

那些应该加以解决的重要内容上。之后，针对筛选出的重要课题，思考相应的解决对策。

接下来，C通过反复询问五次“如何做”的方式，对得出的一个个对策进行具体化的思考。

首先，不能单单满足于“将母公司的管理体系导入收购的子公司中”这一点，还必须对整个集团做出变革，以应对未来可能遇到的多样化业务和公司类型。对此，可以提出设立由专人负责的特别项目组。具体的项目内容和体制是……

另一个重要的课题是，在导入了与母公司相同的管理体系后，对子公司经营管理部门提供支援的体制。当然，最好的方式是从母公司派遣经验丰富的管理人员，但是如果每增加一家子公司都进行这样的操作，会让总部原本就人手短缺的管理部门变得更加薄弱。难道没有其他方式向子公司提供支援了吗?

借鉴不同领域的想法

令人意外的是，这个子公司所经营的一项业务恰恰为C解决这一问题提供了灵感。这是一项通过互联网提供24小时英语翻译的服务。其面向的场景有向海外开展业务的公司提供紧急处理英语信息的服务，还有向在日本的外国人提供紧急跨语言交流的服务。该会员制业务能做到不分场合、不分时间地点向用户提供翻译服务。

于是，C联想到，母公司内部也可以设立一个网络或呼叫中心，在经营管理方面提供24小时的应对支援服务。他将这个方案具体化以后，提交给了自己所在的总部经营管理部门和经营企划部门。

C的公司在对外的业务中从未提供过基于互联网的客户支援服务或呼叫中心，现在要在公司内部提供这种功能，难免会让不少人质疑这个方案的可行性。

但是，C针对各种各样的反馈，试着以树状图和反复询问“如何做”的方式将方案具体化。同时，他还在讨论实施计划时，将“已有的组织体制”和“部门角色分配”等限制条件都一一去除。

最终，C将自己的想法总结成了具体的方案，即“在收购后的一年内，面向收购的子公司提供24小时的实时答复、支援和指导，以解决经营管理业务上的疑问。为此，要设立并运营一个呼叫中心”，并且这获得了上级的许可。

对此，虽然仍有质疑的声音，认为：“只是整合管理体系，有必要做到那种程度吗？”但也有积极的意见：“以这次经营管理的改革为样板，今后其他部门都可以参考这种思路。”

C以好奇心为“武器”，切实让自己接近了心中的高目标。

第4章

设计思维：

通过多角度思考，发现关键点

设计思维：要点

1. 要不断地反复思考

拥有自成一派的行事规则和方式固然很重要，但如果我们仅止步于此，仍无法得出“做得成”的答案。

当我们想出一个答案后，还应养成“以完全不同的思路进行再思考”的习惯。无论你最终做出什么选择，我们一定要具有“从多个不同角度去思考同一事物”的能力。

因为现今的价值观正变得多样化，所以“自己认为正确的答案”未必是“大家都认同的正确答案”。并且，在变化迅速的时代中，“今天的正确答案”放到明天可能就不一定“正确”了。可以说，通过不断地反复思考，我们能提高实现“有志者事竟成”的概率。

以绘画来说，在正式绘上油彩之前，需要让模特摆出不同的姿势，我们自己也要变换位置和角度绘制几幅素描图，以此来帮助我们决定如何构图。在这个过程中沿用头脑中的话，我们思考的准确度就能提高，从而产生更多的想法。所以，我们通过不断地反复思考，将会提升思维以及大脑输出内容的质量。

像这样，尝试以不同的视角去多角度分析信息的思维方法，就叫作“设计（Design）思维”。

不要只满足于某一个答案，而是要从多个视角分析信息，进行深度思考。如果你想达成较高的目的或目标，提高思考的质量，那么设计思维将是你的得力工具。

不过，即使是在优秀员工群体中，也仍有不少人不擅于“重复思考”这件事。那些很快就能给出反馈的“从不出错的员工”，以及工作时风风火火的“骨干员工”大都属于此类，这些人都没有掌握设计思维。

他们的确能够对事物进行理论化的梳理，并且很快就给出答案。这是因为他们熟知先例和既存的限制条件，只要沿着老路走，就能又快又准确地做出判断。

而且，他们还能条理清晰地说明自己所给出的答案，带着无比的自信，这具有很强的说服力。如此一来，他们常常能得到周围人以及领导的认可。因此，他们也就没有必要重新思考和再加工自己的答案。

这些优秀员工“只满足于最初所给出的答案”，从而在运用设计思维方面，变得越发薄弱。

当然，如果“最初的答案”很奏效并没有问题。但是，这种迅速得出的答案，由于只是基于某一个视角或理论思考出来的，所以即使它看似很完美，但一旦遭遇完全不同的观点，很容易就会暴露出弱点。还有可能在实际实施的过程中遇到超出预期的障碍，或者对于整个进展和最终成果没有把握。

迅速给出的方案，即便当时能获得全场一致的认可，但如果事后我们一遇到没想过的指责或障碍就会进退两难，或者是在实际实施后没有取得预计的成果，这个方案就不能称为“做得成”的答案。为了实现高目标，我们可以运用“设计思维”从多样化的视角和角度出发，反复进行思考。

设计思维的第一步，就是要从多方面理解同一个信息并提取出不一样的含义。

当你接触到信息时，不要光从某一个视角去理解，而是试着用“换一个、再换一个”的方式，变换不同的视角和角度看待。要做到每变换一次，都能洞察出不同的含义。

2. 想出答案后，再思考30分钟

不要仅满足于得出了想法或结论，就像在画素描一样，我们要从各个角度进一步挖掘，让自己不断地反复思考。

这个做法看似简单，但在心理上还是有一道难关的。

就好像我们花了很长时间小火慢炖一道菜，等你一说“哈，终于做好了”时，就有人提出“要不我们试试用咖喱来做吧”，我想这时不管是谁心里都会很犹豫吧。对于自己想出的答案，人们都有一种偏爱之心，这是人的习性使然。

下面我就来介绍一些有效运用设计思维的要点，以帮助大家打消心中的这种抵触情绪。

步骤1：搭建好大概的框架后，暂时停下来

在炖菜的时候，我们需要先将牛肉或鸡肉、素菜等先煮熟。此时，我们可以先将灶火熄灭。也就是说，在进行“最后一步”放入油、香料等调味料之前，先暂时停下手。像这样，在搭建起了一个大概的框架后，我们可以停下自己的思考。

在这个阶段，我们可以去征求一下他人的意见，或者尝试别的思考方法。

步骤2：想出答案后，再多思考30分钟

“好不容易才想出属于自己的答案！”如果是这样，建议你再多给自己30分钟的思考时间，养成进一步思考的习惯。虽然我们在忙碌的时候，要做到这一点很难，而且好不容易得出的结论总是很想马上公布出来，但还是请你坚持再多思考一会儿。这样一来，你的思考将得到深化，也能得出更加本质的内容。

不过，这30分钟时间可不是用来重新检查或者细微修正答案的。并

且，也不要让自己产生不安，怀疑“这个答案真的正确吗？”总之，在这30分钟里，我们不应思考同样的内容。

“再多思考30分钟”是指试着站在离“眼下的答案”更远的距离，用其他的角度得出别的想法。有了一个大概的想法后，在其基础上对“眼下的答案”进行修正。所以，我们必须“追加新的视角”。

这一步骤并非将已有的线条重新描绘一遍，而是要绘制出新的粗线条，以让这幅画变得更好才是关键。

步骤3：给出三个肯定与否定的理由

在这30分钟里，先试着对自己得出的答案抱以肯定的态度，思考“为什么是正确的呢？”并尝试给出三个理由。然后，再反过来尝试对这个答案进行否定，思考“为什么这样是不对的？”同样给出三个理由。

一般来说，想出三个肯定的理由是比较容易的。这也可以反过来理解，如果我们很难给出肯定的理由，不正好说明这个想法的质量和支撑理论存在问题吗？

比较困难的是对自己的想法给出否定的理由，但我们仍要大胆地尝试。利用好思考出的结果，思考接下来的新想法，然后，再反复同一过程。这样一来，随着我们想法数量的增加，视角和立场才会变得多角度化。

步骤4：尝试角色转换重新思考问题

在这30分钟时间里，换成别的人物重新思考自己的答案，也是可以的。如果你是部长会怎么看？如果换作是常务董事，你会怎么想？如果你是客户呢？或者，你是竞争公司的负责人会怎样想呢？当你站在别人的立场去思考时，不管你愿不愿意都会得出不一样的想法，这是非常实用的一种训练。

在这里，我特别想推荐给那些不善与人交谈的人使用这个方法。

3. 信息的正面与反面

任何一个信息都肯定会有两面性，即“大多数人会自然关注到的正面”与“人们难以关注到的反面”。

而且，很多人都只会关注到正面，认为这样就等于把握了其全部含义。但实际上，这只是利用了一半的信息量，以此为素材进行的思考肯定也得不出“做得成”的答案。

反过来说，运用设计思维从所有的角度进行反复思考，我们才能同时了解其正面与反面的含义。像这样，我们能得到更多不同于他人的独立信息，从而准确地找出应该解决的课题。结果就是，产生出“做得成”的答案。

为了掌握设计思维，我们首先要让自己有意识地去做到“不仅看正面，也要看反面”。特别是需要从数字中寻找含义的时候，这样的视角是必不可少的。

不仅看到信息的正面，也要看到其反面，诀窍就在于所谓的逆向思维。如果很多人从同一个信息或状况中都看出了A含义，那么你就可以进行逆向思考，从不同侧面去了解其反面的含义。

例如，“2015年至2016年，访问日本的游客数量增长了21%”——当人们看到这一数据时，大多数人只会看到其正面的含义，即“较高的增长率。今后入境游客的数量会逐渐增多，旅游经济应该也会发展起来”。

对此，我们则可以大胆地从相反的视角展开思考：在外国游客人数的高增长率上，全亚洲有没有能超过日本的国家呢？我们与那个国家之间的竞争会变得激烈化吗？超过20%的增长率能维持几年呢？到2020年时是否会达到一个顶峰？在那之后，有没有可能陷入停滞？等等。

人们常说“占有了40%的市场份额，就意味着该公司牢牢占据了第一名的位置”，但如果反过来想，这也意味着“还有60%的发展空间”。

此外，“日本的创业者人数有350万人”——面对这个信息，与“在企业中上班的人数”进行比较，大多数人会认为“日本创业者的人数太少了”“创业文化在日本还不够普及”，这些都是该信息的正面内容。

但是，我们可以将目光投向反面，发现人们未曾留意到的内容。有可能会得出以下观点：“在这350万人中，如果每100人里有1人能成功做出10亿日元规模的创业公司，其整体的经济效益将超过30兆日元。”“不应该以欧美国家为参照，也不能只关注创业者的人数，而是要看到日本潜在的业务创造力。”

从正面与反面理解了信息之后，我们就可以从多方面对其进行分析、重新梳理。还是用上边的例子来说，当看到“日本的创业者人数有350万人”这样的信息时，如果你比较关注日本社会以及经济的活性化或者对改革的可能性比较感兴趣，就会从“350万人”这个数字上得出“多了/少了”的含义，或者与其他国家对比得出相应的结论。

如果你对商业领域人才变化等问题比较关心，也许可以通过将这350万人与在大企业中就职的人数进行对比，得出相应的含义。

同时，你也能从创业者所产生的经济价值（GDP等）中，看出新的含义。

关键在于，我们不仅要看信息的正面，也要了解其反面，再从多方面对其进行分析。像这样，我们才能掌握设计思维。

设计思维：发现问题的三个技巧

1. 尝试改变目的、主语、时间轴、限制条件

我们只有从各种各样的角度观察同一个对象，才能立体地把握好这一对象。当你想了解地球的样子时，比起在平面上绘制地图，使用立体的地球仪你会理解得更加准确。此时，你不仅可以在固定的一个方向上观察地球仪，还可以从多方位、各个角度观察，效果会更好。

当我们在思考时，也是一样的道理。多角度的思考能让我们的认识更加立体化，并加深我们的理解，从而促进我们更加准确地把握住状况和本质问题，得出独特且有效的解决对策。

此外，多角度的思考还能让我们的思维和想法更加有层次，更站得住脚。当我们面对各种反驳或障碍时，我们的“抵抗力”也能得到强化。

为了实现思维的立体化，我们可以尝试以下的不同角度。

· 改变目的。

· 改变主语。

· 改变时间轴。

· 改变限制条件。

这里我就来介绍运用设计思维，从各种视角来筛选课题的技巧。灵活运用这些技巧，我们自然能得出多角度的看法。

步骤1：改变目的

如果你需要思考公司的改革问题，那么“目的”就可以是快速恢复业绩、保持中长期的竞争优势、搜集成功改革组织文化的案例等。

例如，某家公司的销售部正面临着“新产品上市后销售不佳”的问题，那么，推出新产品的“目的”可以是“扩大本销售部的销售额”，也可以是“打造一个新的品牌，成为公司的代表性产品”。而基于不同的目的，我们对“刚上市却未获得预期的销售业绩”这一客观事实的理解也会不一样。

以前者来说，最重要的课题是要制订促销策略，以尽早提升销售额；而以后者来说，对新产品所诉求的价值本身进行重新评估以及改善其宣传的效果等，才是更为重要的内容。因此，从不同的目的看待同一件事物，我们能够获得多角度的认识。

步骤2：改变主语

接下来，我们还可以换作“直属领导、其他部门同事、客户、竞争对手”等不同主语进行思考。

试着改变主语，是最容易理解的一种方法。我们还是以“推出了新产品，但是销量不好的销售部”为例子进行说明。

面对这一情况，销售部部长会怎么看？负责研发的部门、负责制造的部门，这些同事又会怎么看？统领各部门的业务总部长，会如何看待这一情况？销售商又会如何看待呢？竞争对手……像这样进行思考，我们可以对同一个信息有不一样的发现，得出不一样的含义。

此外，如果将目标设定为“大幅提高新产品的销量”，那么我们在筛选课题时，也可以试着用改变主语的方式思考。

即便是在同一个销售部门，也可能有的人会比较看重销售能力和促销费用等方面的课题，而有的人则更关注部门间的协同配合。所以，我们可以改变主语重新认识课题，然后对得出的解决对策，也可以通过改变主语来拓宽思路。

在商业领域中，更重要的是站在竞争对手的角度分析“本公司的问题点或解决对策”。这样能防止出现“闭门造车”的情况。而且，我们以这种视角思考问题的习惯，也是制订竞争策略时的一大武器。

步骤3：改变时间轴

“改变时间轴”，是指我们可以把时间分为短期、中期、长期，或者改革的第一阶段、第二阶段等。

以“推出新产品后，卖得不好”为例，我们是需要在短期内解决，还是可以将其看作一个中长期的问题呢？这会给我们的理解带来差异。在进行战略性思考时，我们常常会同时从短期和中长期的角度来看问题。

面对“人才”与“研发”等长时间轴的内容，我们要反省自己是否一直以“近视眼”看问题。如果是“明年增加应届毕业生的招聘数量，培养新一代的人才”，不妨再思考一下“3年后的目标是什么？”“10年后会怎么样？”以一个长时间轴的视角思考问题，而不是拘泥于现状，我们才能有效地把握全局。

步骤4：改变限制条件

面对“零售业现正在推进数字化改革”这一状况，你是会带着限制条件，认为“因为本公司是制造商，没有零售业务，所以与改革的事项没有直接关系”，还是会去除限制条件认为“存在直接向消费者出售产品的可能性”呢？可以说，对一个信息的不同思考，会让本公司的重要性和意义都发生变化。所以，这里我还是要再强调一次：在思考的过程中并不会产生风险，所以要尽可能地去除限制条件，养成从多角度进行思考的习惯。

2. 与其他部门召开“不同视角的会议”

与他人展开讨论也能帮助我们实现多角度的思考，借他人的视角对我们的想法做出评价。

无论是课题，还是答案，当我们想出结果后就应该拿去与他人讨论。在讨论的时候，切记不要固执地坚持和维护自己的主张。我们之所以进行讨论，不是为了证明自己的想法，而是要进一步地完善我们的想法。

想进行讨论，就要将持有不同经验和信息的人聚集到一起，所以我们肯定会遭遇与自己想法和思维模式完全不同的人。很多时候，还会遇到从未想过的质疑与挑战。

由于每个人的性格不同，有时这样的讨论会让人觉得“不安”，也会让有些人认为“带来了变化且很有意思”。但这的确是掌握设计思维的有效工具，所以请大家务必积极地试一试吧。

“讨论的场合＝搜集与自己不同的观点与想法的场合”，如果你带着这样的想法，就会对他人提出的“这个部分是不是稍有不同”“这里最好能有具体的对策”等意见产生兴趣，并能灵活地加以采纳。通过讨论的方式实践设计思维，我们可以做到更加开放，更加灵活机动。

如果条件允许，在讨论的时候，尽量以其他部门、其他行业、其他领域的人为对象。同事以及团队成员之间，在思考的角度和视角等方面会较为类似，所以设计思维的效果会变差。当然，即使是在团队内部或部门内部进行讨论，也可能会出现不一样的意见和看法，但是那种差异的幅度比较有限。

在跨部门、跨行业的成员之间进行讨论，我们可以从中学会用不同的视角或立场看问题，也能借鉴不同领域的智慧与想法，还能有效地确认其他部门的人如何看待我们自己正处理的工作。

基于这样的想法，当你要挑战高目标时，可以将召集会议的目标设定为“通过不同的视角获得新的认识”。一定要去除限制条件，给各个部门的成员自由发言和讨论的时间。

因为，我们的目的就是“通过不同的视角获得新的认识”，所以千万不要拘泥于各部门间的利害关系，更不能变成“一言堂”，而是要忽视部门与职位高低的限制，勇敢地进行自由讨论。此外，我们还可以给讨论的参与者分配不同的角色，然后让其从这个视角出发参与到讨论中，这样能促进基于多种视角的讨论。

例如，即使是在同一个销售部门内部进行讨论，我们也可以这样分配角色——“你站在客户的立场；你站在竞争对手的立场；你就站在我们生产部门的立场……”一些销售部门想象不到的问题，可能从生产部门的立场上就能看出来。比起自己一个人凭空想象，这种实际讨论的方式会更有实感。

总之，站在不同的立场上思考，在讨论中引入新的视角，才能产生新的认识和价值。公司内部的讨论往往会有一定的局限性，要打破这种现状，不妨让自己扮演“顾客”的角色参与到讨论中，这也不失为一个妙策。

3. 根据“问题的层次”调整优先顺序

以“分层次”的方式来看问题，也是运用设计思维进行多角度思考的方法之一。

例如，你在食品制造厂工作，商品A的库存在快速增加。面对这样的事态，你不得不分析原因，并把“以后不能再出现这样的事态”作为目的筛选出重要的课题。那么，你要如何进行思考呢？

常见的一种思路是“销售部门发来的订单是否合适？还是说，销售部门原本对市场的预期太过乐观了？抑或，工厂对订单数量的变化不能做到灵活应对，才导致生产过剩？”像这样，把能想到的原因都列举出来，并不能从中找出真正重要的课题。

此外，如果一开始就想到“本公司所使用的供给信息系统过于陈旧，导致其准确度不足。应该将‘更新系统’当作最重要的课题”，这个想法也是收效甚微的。

如果你想得出“做得成”的答案，使用“分层次把握课题”的方法会更有效。

首先，根据不同的层次列举出课题。

销售部门的下单业务、工厂的制造、物流中心的配送以及发出货物等，这些现场操作是重要的课题吗？

投放电视广告、大型促销活动的时机和内容出了问题，导致促销的效果不理想。那么这些“促销战略、渠道战略的更新”是课题吗？

市场营销与销售、销售与生产管理、生产管理与制造等，“部门间配合不协调”是最大的课题吗？

既然组织中出现了过度下单、生产过剩的情况，那么“对于‘避免断货’的组织文化实施改革”是我们的课题吗？

像这样，根据不同层次列举出课题并进行梳理，调整先后顺序。不要被表面现象或单一的视角所束缚，这样才能做到多角度的思考。此外，当我们想到某个课题后，要再思考其属于哪个层次，其他层次中是否也含有潜在的重要课题，这样才能对所有的重要课题尽量做到“无遗漏”。

设计思维：达成目标的三个条件

1. 将“答案”结构化

推导出“做得成”结果必不可少的步骤，就是要对课题和答案进行结构化。

虽然难度稍高，但却能让我们对目标和现状有一个综合性的把握，从而更加接近本质。

对筛选出的课题进行“解构”，然后思考相应的答案，由此得出的多个答案或对策会更有整合性。然后，再对答案进一步解构，从而得出对达成目标来说，更加综合性、更加多样化的方案。其结果就是获得了更有效的答案，也提高了达成目标的可能性。

“结构化”并非将各个要素都打散，而是要研究多个要素之间是以什么样的结构关联到一起的。由此，我们也能学会如何将多种要素进行组合，以及用什么样的结构进行设计。

“课题”结构的代表性例子有：因果关系、恶性循环以及良性循环。而答案方面，则包括了商业模式、盈利模式等。

例如，病人有“睡眠质量差、睡眠又浅又短”等症状来找医生诉苦，造成这种状况的原因（课题）主要是“压力大、作息时间不规律、饮食方面营养不均衡、运动不足”等。

这些原因（课题）是非常分散的，所以我们能一一想到的对策有“尝试能让自己放松的冥想法”“注意调节饮食”“加强运动”等。但是，如果我们想得出“有志者事竟成”的答案，就最好再深入研究一下，这些原因（课题）之间是以什么样的结构关联到一起的。

比如，“加班过度导致压力增大；吃饭时间不规律，无法保证营养均衡的饮食；太过忙碌，导致没时间运动”，我们可以像这样对状况进行结构化分析，从而得出结论：“此人的本质性课题是要改善时间的分配方式。无法在工作和休息之间顺利地切换状态，才是出现问题的结构性原因。”

接着，我们可以将之前的“对策”变得更加具体化，将“在处方中增开安眠药剂，以缓解当前睡眠不足的状态”“调整就寝和起床的作息时间”“养成下班途中步行的习惯”“改善晚餐”“在睡觉前做拉伸或冥想”这些方法相组合形成结构化的联系。也就是说，对一整天的时间分配进行调整，转变为张弛有度的生活方式。

像这样，将一个个改善的对策组合起来，就能发挥出更好的效果。我们自己清楚地知道这么做的目的是什么，也就能很容易地坚持下来。所以，这就是一个能带来更大成果的答案。

在商业场合中，同样也能发挥出结构化的威力。

我们对不同层次的课题进行结构化思考，就能从公司或组织的全局分析现状，也能知道不同层次的课题间是怎样的因果或循环关系。

此外，针对筛选出的课题思考各个部门应该采取的对策时，我们也可以将这些答案或对策，按整体的业务模式或战略计划进行结构化思考，这样效果会变得更好。

不同的答案之间能相互整合，各部门也能清楚自己在这个集体中所处的位置，因此，可以强化集体感和凝聚力。当然，得出“有志者事竟成”答案的可能性也就随之变高了。

还有，各部门对于增加销售额和利润的答案，也可以进行结构化思考，这也被称为“盈利模式”。

本公司产品具有高性能的同时，价格也很高。尽管原材料的费用很高，但是由于我们的产品种类较少，所以生产上的效率很高，能相应地降低制造成本并获得较高的毛利率。“高性能”是主打的卖点，因此完全不需要在打折促销等方面投入过多的经费。为了宣传出高性能产品的魅力，可以在销售方面投入人工成本，有针对性地开展销售活动。此外，技术部门要打造出实力阵容，以保障强大的售后服务。相应地，这些支出的费用也要从前面提到的高毛利率里扣除。即便我们要坚守“高性能”所带来的差异化优势，也没有必要与其他公司展开价格战。所以，要维持高价格的现状。其结果，就是公司能够确保稳定的成长和充分的销售利润——这就是独立且明确的“盈利模式”的一个例子。

而且，沿着这样的大方向，制造、销售、技术等各个部门都能明确自己的角色和职责，互相也能做到完全的整合，从而形成非常强大的优秀业务模式。

2. “答案”要具有抵抗力和持久性

运用设计思维得出更好答案的另一个要点，就是要让你的答案具有抵抗力和持久性。

这里所说的“抵抗力”和“持久性”，指的是无论你面对怎样的指责或反驳，抑或在实际执行过程中遇到何种预想不到的障碍，都能将其化解的强大能力。

做到这一点的诀窍就在于，我们要从各种角度审视自己想出的答案，并进行反复的自问自答。将思考的结果反映到答案中，从而使其变得更加完善。

“关于××这一点，可能有人会从本公司的技术与能力方面提出指责的意见，到时该如何应对才好呢？”

“这个方案在实际执行以后，如果我们最大的竞争对手开始采取不断降价的策略，我们又该如何应对呢？”

像这样，我们通过变换不同的视角和主语拓展思路，从不同的角度出发，重新审视自己的方案。如果我们得出的回答是“寻求与其他公司的协作”或“为了避免被卷入低价竞争，要坚持宣传本公司产品的价值”这些内容，就可以将其添加到原本的方案中。

我们越是从不同的角度思考，就越能增加答案的“厚度”，从而提升抵抗力与耐久性。

在商业场合中，我们不仅会遭遇竞争对手的过激反应，还有市场环境的急转直下、本公司供应链出问题、出现了采用划时代技术的替代产品等很多意料之外的障碍。通过设计思维，增加我们方案的厚度，无论是“意料之中”，还是“意料之外”的障碍，都能够被化解。

从多角度思考得出的答案能帮助我们轻松应对变化与异动，受到外部的影响也会更少。所以，快运用设计思维想出效果更好、能执行得更长久的“答案”吧！

3. 从具体解决对策中引出“公式”

将具体的想法抽象地认为是一个“公式”，然后可以按照这个公式思考其他的具体对策。这也许是设计思维最难的使用方法，却能带来显著的效果，所以具有很高的价值。

例如，苦恼于业绩不理想的公司，面对“销售、物流、生产部门之间糟糕的配合”这样的状况，可以像下面这样思考具体的对策。

销售员在拜访客户以后，了解到的一个内容是“下个月将会减少订单”，以往的做法是将这一信息写到销售日报中并提交给领导；领导读了报告后，再将这种减产的可能性传达给生产管理部门，这中间要耽误不少时间。还有，领导并非在一线工作，所以对于“订单量减少”这件事没有什么实际的感受。因此，他在信息的传达上可能会不够准确。这就会导致生产部门不能及时充分地调整产量，从而造成库存的积压；而物流部门也不能及时调整运输司机的人数，在外派费用上造成一定的浪费。像这样的情况时常发生。

因此，我们能想出一个具体的解决对策是“当得知客户下个月要减少订单时，销售员可以将这一信息立即传达给物流和生产部门”。

这就是我们的具体想法，但我们不能就此止步，还要尝试将它进一步地转化为一般性的概念。如“在多部门间构建起实时沟通的渠道”。

这样一种抽象化的“公式”，也可以运用到其他的课题或业务领域中。例如，这种多部门间的实时沟通，不仅有利于调整产量，在解决其他课题方面也很有效。我们能想到“新产品在研发和上市之际，多部门间的协作也很重要，所以可以用于这种场合”。此外，在遇到自然灾害等风险管理方面也会很有效果。

抑或，对于这个“公式”本身——多部门间进行实时沟通的具体方法——我们也可以进行多角度的思考。既可以通过电子邮件，也可以采用聊天的方式。在运用“公式”时，我们就可以从想出的这些具体方法中，选择出合适的去实施。

像这样，将一个回答抽象化形成“公式”，然后运用到解决各种课题中。

话虽这么说，但实际上我们要把自己的想法抽象化处理是很难的。不要落入“换个说法”的套路，因为仅仅换个表述方式并不能提高抽象度。我们要经常思考“怎样才能将这个抽象成一般性的内容呢？”以此来训练自己的抽象思维。

此外，那些无论怎么训练都不能掌握要领的人，可以寻求他人的帮助。通过大家一起讨论的方式将想法抽象化，也是个不错的办法。

形成“公式”是设计思维中最难也是最重要的一个方法。

设计思维的优势

通过多角度的思考推导出本质

思考的过程最忌讳一气呵成，就像在画“一笔画”一样。

相反，思考的过程应该像画素描一样，我们先画个大致的形状，然后再绘制粗线条，慢慢地构成形状。同理，我们通过反复多角度的思考，才能得出“有志者事竟成”的答案。

总之，当我们思考事物的本质时，不要想着一下子就得出最终答案。这种只在一个理论上追求完美的想法是最不可取的。然而，越是优秀的人，往往越是想一招定胜负。

“头脑中冒出一个大概的构思，虽然是未完成的状态，但是可以让大家一起打磨”，这种想法其实是错误的，应该是“在头脑中，将想法提炼到自己能接受的完成度，然后再展示给他人”。当你承担某项工作时，领导可能会中途询问“做得怎么样了啊？”即便是这样，你也可以这样回复说“一切顺利，还请您稍等”，而不是将正在讨论中的内容拿给领导看。

对于自己想出来的、自认为很完美的“回答”，我们往往会表现出一种偏爱。所以，在讨论中提出这一“完美方案”时，我们更愿意采取一种维护的态度。面对他人提出“这一点是不是再进一步研究一下”“这样做是不是会更好”的反馈意见时，我们往往会表现得难以接受。即便我们采纳了意见，事后也只会是做些细微调整而已。如果是这样，我们好不容易召集起来的讨论以及从多角度进行的思考就失去了价值。

重要的不在于“凭一己之力一下子找出完美的答案”，而是最终得出“有志者事竟成的答案”。我们在粗略的思考阶段，就是要不断地修正轨道，假如这条线是正确的，也要能进一步将其具体化。

因此，我们认真思考并得出了自己能接受的答案后，不要对此固执己见，转而可以试着用不同的视角重新思考一番。比起在某一个完美的方向上思考，粗略的、多角度的思考反倒具有更高的价值。我们从各种角度进行反复思考，能对事物有一个结构化的理解，由此把握其本质。我们的思路不仅能得到拓展，思考也会进一步加深，在理论上更站得住脚。得出的答案越“厚”，其内容就越具有说服力。

进行多角度的广泛思考、深入挖掘的结果，就是得出高质量的答案。这就是设计思维的优势。

专栏

在食品超市工作的D的设计思维

下面，我想以一个实际的研究案例，说明如何以设计思维从多角度分析状况，并通过多角度的思考筛选出课题，得出相应的答案，从而达成高目标。

D供职于一家在关东部分地区开展连锁销售业务的食品超市。他是其中一家店铺的店长，这家店就开在地铁终点站的前一站。店铺的运营一直很顺利，也连续达成了超预期的好业绩。

但是在两个月前，另一家在首都商圈开展连锁销售业务的大型商店在其相邻的车站旁开门营业了。从那以后，D门店的到店顾客数量以及销售额差不多下降了两成。竞争对手的卖场面积是D门店的好几倍，其销售的商品种类自然非常丰富。再加上刚开业不久，卖场还举办了很多宣传活动，每到傍晚或周末，店内都是一片人头攒动的景象。

D意识到，如果店里的业绩继续这样低迷，就会陷入财务赤字、销售计划难以完成的窘境。最近，D的总公司旗下有七成的店铺都因为附近出现了大型的竞争对手，导致业绩大幅下滑，并且这种状况一直难以恢复。所以说，D面临的状况很棘手。

多角度分析状况

D不得不将“摆脱业绩下滑，达成预定的销售计划”当作自己的工作目标。但眼下显而易见的是，要想实现业绩反转并非易事。要与规模相当于自己两倍的新店展开竞争，可以说大部分情况下是没有胜算的。而且，D公司的实际情况也说明了这一点。他越是思考，心情自然越是很沉重。

不过，在D门店所在的商圈中，由于他坚持与当地居民的密切联系，所以才能一直保持稳定的销售业绩。即使是这种状况，也仍有不少顾客会来光顾和支持这间店铺，所以D和店员对当地居民仍然抱有感情。于是，D又重新下定了决心。

不可否认，眼下的状况很严重。但是，无论如何我都要跨过这道坎儿。我一定要恢复销售业绩。

为了打破一般人看来鲜有胜算的现状，D采用了不同寻常的视角——从各种角度反复分析本店所面临的状况。

人们往往会将注意力集中在本店与竞争对手的对抗上，但是，如果拓宽自己的视野，放眼整个商圈，又会怎样呢？

不可否认的是，一部分顾客被竞争对手抢走了，但是即便将两家店的市场份额加在一起，也不到整个商圈的30%。我们应该将目光投到“剩下的那七成”市场可能性上。不仅要看到信息的正面，也要注意到其反面。如果能打开另外七成市场，实现销售额的提升，那么大型竞争对手的出现，对我们店来说，也许就是零影响。

大型卖场开业时，最擅长开展一些打折促销的宣传活动。因此，如果我们现在也去搞促销活动，就正中其下怀了。在明确这一点后，再反复思考对抗的策略，会不会更有利呢？

不断积累这些基于不同视角的思考后，D决定挑战一个非常高的目标。不单单是要停止销量下滑的态势，重新提升业绩，他还决定“在出现了大型卖场这样一个新的竞争环境下，继续保持本店铺以往的业绩，并实现进一步的提升”“重新构建店铺的运营模式，确保在竞争中立于不败之地”，同时他还设定了具体的销售目标数字。

如果仅仅是改善店铺运营的各个环节，可能仍无法夺回失去的那两成顾客。所以，D认为，必须大胆地进行改革——设定一个非常高的目标值，能更好地促进改革。此外，如果是以“全新的店铺运营模式”为目标，能更容易获得全公司集团的协助。

多角度分析信息

面对如此高的目标，D为了筛选出应解决的课题，搜集和分析了比平时更多的数据。例如，一般人们只会对到店消费的顾客人数变化进行分析，但他还调查了到店顾客的属性变化，即“哪一类顾客减少了”“哪一类顾客基本没有变化”等。此外，在对销售数字的分析上，他也不仅限于时间段、星期、柜台等范围，还加入了对宣传效果的详细分析，以此增加自己的视角。

由于员工中有当地做兼职的家庭主妇，所以D能直接了解到顾客的评价信息。他还实施了“日记式调查”，即对某一名顾客一周内的购物情况进行整体性的调研。对于顾客来说，购物并非只有“竞争对手”和“D的门店”这两个选择，药妆店、商业街上的个人商店、便利店等整个商圈内的所有店铺，都是顾客购物的场所。

D把分析出的结果用树状图的方式体现出来，从多方面梳理了竞争对手与自己店铺各自的长处和短板。

宽敞的大卖场、丰富的产品种类、大胆的价格宣传攻势——以此为卖点的大型卖场的确能受到一定数量消费者的大力支持。但另一方面，对于比较重视当地传统生活、饮食文化的消费者来说，这些卖点都缺乏一定的吸引力。所以在这一点上，无论是D的门店还是竞争对手，都恰恰败给了当地的个人商店或比较机动灵活的药妆店。

而且，正因为这些店铺与当地居民有着紧密的联系，所以可以从忠诚度高的顾客那里获得较高的评价。

多角度思考答案

所以，D最终筛选出的重要课题，就是通过强化“地区联系”

的方式，维持属于本店的顾客群体。为此，D又尝试变换不同的视角重新思考。

如果我是住在这条街上的人，那么我会如何看待位于相邻车站的超市，以及本地车站前的超市呢？是都去逛一逛，还是有所偏好呢？原因是什么？抑或，住在我旁边的那一对老夫妇，他们是怎么想的呢？

提升了“地区联系”后，竞争对手会做出什么样的反应？会给我们店带来较大影响吗？抑或，药妆店和个人商店又会有怎样的反应呢？

他甚至还想到了5年以后的情况。

5年后，顾客的喜好应该会变得更加多样化。在网上购物然后物流配送到家的情况，应该会越来越多。要是那样，人们再到店里消费时，那种“实体店带来的购物体验”应该就成为最关键的内容了吧……所以，加强与当地居民的联系，就是一个很好的大方向。不过，仅仅靠多摆放一些商品是远远不够的。

D通过变换主语和时间轴的方式进行了反复思考，确定了“强化地区联系，从而维持属于本店的顾客群体”才是要解决的课题。

接着，他开始针对这一课题，思考解决的对策。

首先，D参考自己作为店长的经验以及各种分析的结果，将能够“强化地区联系”的答案都一一写了出来：商品种类、顾客服务、促销内容等。从数量上来说这些想法已经足够了，但是D仍然不感到满足，他又运用设计思维思考这些答案。

召开不同视角的会议

D要对自己想出的想法进行多角度的思考，其中一个比较有效的做法是召集团队讨论。包括兼职人员在内，D将店内的员工分成了三组：第一组负责讨论商品种类；第二组负责讨论店铺设施与顾客服务；第三组则负责讨论除此以外的其他内容。像这样，让三个小组的员工在各自负责的问题中，思考如何强化地区联系的具体对策。于是，三个小组各自找时间召开小组会议，商讨具体对策。

有些成员会单单从现在的问题点进行思考，如“与竞争对手相比，我们店的豆腐和纳豆的价格都过高了”“应该再扩大摆放国产品牌商品的规模，吸引顾客的视线”等。出现这样的情况时，要对其强调“加强地区联系”这个大方向，反复给予指导，帮助其修正思路，重新回到本小组的问题上进行思考。

在这三个小组的讨论和提案中，都产生了很多独特的想法。如“可以像当地市场一样，打造成类似个人商店的集合体”“不仅限于水产品柜台，还要在所有的柜台都提供导购服务”“像当地农家的有机蔬菜卖场一样，由生产者直接销售给顾客”“当地的家庭主妇则提出，采用本地区自古以来传承的料理方法制作特色便当”等。

借鉴不同领域的智慧

基于三个小组所贡献的内容，形成了随处可见多样且独特想法的“地区联系型”店铺设计图，以及相应的运营方针。那么，接下来就要进一步做具体化思考。

由于资金有限，所以店面的外观没有较大变动，但是整个店铺却能给人焕然一新的感觉，“好像变成了另一家店”——这正是D所期待看到的。

不过，接下来又有困难的挑战在等着他——如何将店铺的新形象和特色内容传达给顾客，使其能最大限度地有效利用本店。也可以说，这事关店铺与顾客之间的“沟通策略”。

对公司来说，这次也是一个全新的店铺模式，所以没有现成可用的宣传方案，大部分门店仍采用的是以“散发广告传单”为主的传统宣传方式，传单上只写了商品的图片和价格等内容，版式也略显陈旧。如果仍这样做，根本无法将店铺的全新理念和独特形象有效传达给顾客。D自然也是这么想的。

所以，在这种前提下，无论D怎么思考宣传计划，怎么选择广告代理商，都不可能收获良好的宣传效果。

于是，D又从各种各样的角度进行思考，他想到“可以借助公司外部的力量。为何不果断地去借鉴原本不搭界的其他行业、领域的智慧呢？”

我要思考的是，如何将这种全新的理念和形象有效地宣传出去。虽然是关于如何制订宣传计划，但选择采用什么宣传方式，这本身也会对全新的店铺形象产生影响。所以，可以不分行业或领域，积极寻求在宣传企业理念和形象方面的顶尖高手的建议。例如，化妆品厂家、高级成衣品牌、电视行业……

看着列出的这些候选项，D想起了自己高中时参加社团活动的一个老朋友，他目前正在电视台的广告宣传部门工作，于是就去询问他的看法。

D是一个执行力很强的人。他不仅马上联系到了那位朋友，而且还因此结识了电视台的其他同事，获得了来自外部的创意想法。最终他决定采用“预告片”和“幕后花絮”的方式向顾客宣传本店全新的形象。与此同时，他在提交给公司内部的提案、报告，以及针对本公司门店和关联部门的改革计划中，也采用了同样的方式进行沟通宣传。

D从多角度分析状况和把握信息，从而制定非常高的“目标”，然后为了达成这一目标从多角度思考答案，大胆地寻求各界的帮助，得出最终的解决对策。通过反复多角度的思考，让自己抵达非常高的目标——D通过自己的行动，很好地诠释了设计思维。

第5章

身心合一，解决问题

拥有乐观积极的心态

至此，我们已经介绍了“有志者事竟成”思维所包含的四种思维方法。在第5章中，我想再就身心的运用方法，以及形成“有志者事竟成”思维的路径，做一个简短的总结。在实践“有志者事竟成”思维时，要意识到以下三点内容。

- “有志者事竟成”的思维模式（心态）。
- 灵活运用这四种思维方法。
- 由“有志者事竟成”思维产生的行为。

这三点在使用顺序和组合方式上可以随机应变。我们通过灵活组合运用这三点达成较高的目标，从而让自己对“有志者事竟成”思维产生信心。其结果就是，我们能够更加游刃有余地对心态、思考和行为进行组合，从而形成一个良性的循环。

首先，我们要有一个积极和感兴趣的心态。虽说“万事开头难”，但我们要养成“有志者事竟成”思维必须以此为大前提。当你有了一个积极的心态后，就能将视线上抬、视野拓宽。无论你面对的是多么高的目标，都要以“相信能做成”的乐观心态去应对，这样你的身心都将迸发出能量，头脑与身体的配合会更加默契。

我们对知识抱以好奇心，无论挑战高目标还是难题，都要抱着享受这一切的想法，挑战谁都没尝试过的事情，才是最重要的。

在勇敢挑战高目标和难题时，我们必须有大胆和创新的想法才行，因此，要更加坚信“这是让自己获得成长的良机”。

此外，如果你能乐观积极且抱有兴趣，也更容易获得周围人的帮助。正如前面说过的那样，比起那种担心“做不成”的人，人们更愿意去帮助那些心潮澎湃且坚信“做得成”的人。

这样一来，我们就更容易从各种各样的对象那里获得帮助。拓宽我们与这些拥有不同能力与经验的人的关系网络，这件事本身就充满了刺激和乐趣，也将是我们不可替代的宝贵财富。通过接触不同的世界与不同的想法，我们自己或公司能从更多的角度，更加深入地去思考问题。

虚心接纳他人的意见

除了要乐观积极、感兴趣外，我们还要对自身以外的事物抱以“开放”的态度，即以一个开放的心态接纳外部事物——要关注到其他部门、公司外部、其他行业、不同领域的信息，以及他人的意见，思考是否具有可借鉴使用之处。

有一个词叫“NIH综合征”，NIH即Not Invented Here（非我发明），意思是指对于接纳他人的意见或外部想法的行为持否定的态度，认为“那不是我们自己思考或得出的内容”。

例如，当有人在公司内部提出“可以尝试模仿最近业绩一直在增长的其他地区营业所的做法”时，就会有很多人反对。他们会列出各种拒绝的理由，如：“我们与那家营业所在市场环境、竞争状况等方面都不同。即使我们在销售上采取相同的做法，也不可能获得什么成果。”这归根结底还是NIH综合征在作怪，即认为“即便再优秀，也是他人想出的东西，不想去模仿”。

越是跨公司、跨行业的情况，这种NIH综合征的表现就越强烈。

我做企业顾问时，常常会介绍其他行业客户的经历，如“××行业在对销售人员的管理以及人才培养方面，有很多值得我们去学习的地方。请允许我以该行业排名第一的A公司为例说明……”，但我记忆中大部分人在听完后，会表示“非常感谢你的好意，虽然说都是搞销售，但是与我们行业相比，岗位职责和必需的技能等都是不一样的……”或者“我们这个行业相对××行业来说比较特殊，比如……”

我们一定要打消心中“与本公司毫无关系”“与我们这个行业不相关”的想法，而是要多去了解“外面的世界”。正因为是无关的内容，你才会知之甚少，但其中也隐藏着能带来革新的可能性。反过来说，如果是与本行业有关的信息，你的同事、领导，甚至竞争对手可能早就了解过了，这对你来说，还有什么意义呢？

尝试借鉴不同领域的案例或想法，这样做的好处已经超越了“有效应对目标或课题”的范畴。尝试新事物能让我们学到很多东西，即使我们假设对眼下的课题没有帮助，但却丰富了我们头脑中的“知识库”，在其他某个时候就能拿来使用，同时也让我们掌握了更多的视角和思路。

多了解一些东西，能拓宽我们的行为与思路，心态也会变得更成熟。我们因此能对更多的东西产生兴趣，对更多样化的内容抱有兴趣。当我们拓宽思路以后，我们能看到的世界、能关心的对象、能灵活运用的内容等，也都将随之变得宽泛。

对风险进行理性判断

我介绍的这四种思维方法，在实施的过程中都要求大家做出各种各样的判断。

在设定目的或目标时需要做判断。在设定目标的数值时，姑且设定两个数值的做法是不允许的，必须在二者间做出一个选择。

洞察信息中的含义、找出课题、得出答案，每一个环节都缺少不了“选择A，舍弃B”这样的判断。

原本战略性思维就不是做数学题，通过思考能得出一个标准的正确答案。无论我们如何思考，都不可能存在一个独一无二、绝对正确的答案。因此，在“经营、业务、商业”的世界里并不存在唯一的正解，“做判断”才显得如此重要而又颇具难度。

因为有难度，我们就会总是停留在思考的阶段，无法做出实际行动。这种状态，与其说是在“思考”，不如说是“庸人自扰”，它会让我们的工作毫无进展。从“烦恼”中永远得不出结论，这也许尚能接受，但在工作上进行的“思考”，就必须得出某个结论才行。

基于交货期、准备状况等条件，我们也要适时地做出决定和判断。每天都让自己去做判断，然后得出结论，以此提升我们的判断力。要想锻炼自己的判断力，我们就必须让自己一直做判断。

例如从某一个信息中提取出各种含义以后，我们就要思考哪一个才是对“实现高目标”有价值的内容；筛选出多个课题以后，我们就要思考哪一个才是最为重要的课题……像这样，我们要利用各种机会明确地给出自己的判断，并保持好这个习惯。

通过反复地做判断，我们可以看到信息、含义、课题或者多个答案候选项中隐藏的重要的内容，即“闪光点”。

如果你能找出他人未曾发现的闪光点，也就意味着你拥有了所谓的“独立性”“差异化”“创新性”。

此外，对于闪光点之外的内容“断舍离”也是很重要的。否则，你好不容易找出的闪光点，就会被周围其他的内容所掩盖。这样一来，也就失去了其“光辉”，或者说“独特的价值”。

锻炼逻辑性思维的“肌肉”

即使面对相同的信息，好奇心旺盛的人仍能从中读出独特的含义。听我这么一说，也许你会认为“凭借直觉或第六感”吧。

当然，这方面确实存在着天生擅长或不擅长的情况，但我们通过后天的训练同样能提升抓住信息含义的能力。

思考就像肌肉一样，通过连续集中地运动腹肌或胸肌，增强此部位的肌肉。同样的道理，连续集中地进行思考，也能增强我们的思考能力。

通过锻炼逻辑性思维的“肌肉”，我们才能拥有独立的洞察力。洞察力获得增强后，我们筛选课题以及思考答案的能力也能逐步提升。

步骤1：对信息进行加工的训练

通过对信息的加工，我们能更容易得出其中隐含的不同含义。这也是大多数人在工作中反复做的一件事。

计算平均值、计算同去年相比的增加率、计算同计划目标间的差距等，我们在日常业务中常常需要对很多信息进行加工。

其实，拓宽对信息的使用手段，也是对信息进行加工的一种训练。如，请用尽可能多的方式对部门上个月的销售业绩数据等材料进行加工，最好是日常业务中从未用过的方式。

例如，你平时不会关注到时间段变化、营业所的区别等，就可以把这些作为基准，进行地区间的数值对比，抑或以“销售额最多的一天”与“最少的一天”的数据为突破口，此外还可以参考天气、气温、股价等相关的因素。

像这样，进行各种加工后，你就能从这些信息中获得新的发现。如，影响本部门销售业绩的主要因素，以及败给对手或错失良机的原因等。

在此基础上，你还可以加上“对加工过的各种信息进行组合”的训练。如，将每周的数据与地区间的差异相结合等。

此外，还要思考如何让信息加工后的结果更容易理解，与制作图形或表格的练习相结合会更有效果。这对于我们从信息的含义中筛选出课题，或者基于其结果进行提案或说明时，都会非常有帮助。

步骤2：灵活运用逻辑思维工具

第3章中介绍的树状图、“空一雨一伞”、反复询问五次“为什么”“如何做”等方法，都是逻辑性思维的代表性工具，我们要做到熟练地加以运用。对于擅长逻辑性思维的高手来说，这些是非常有效的工具，而对于想学习逻辑性思维的人来说，也是非常有效的训练途径。

请大家务必严格遵守书中所介绍的工具的基本使用方法进行相关练习。即使是负荷过重时，也请你不要轻易以“改良”为借口做出变动。

只有让自己不断地练习，找各种机会训练自己的逻辑性思维，我们的逻辑性思维才能得到强化。虽然我说得有些啰唆，但还是要强调，请务必严格按照相关的要求练习。

步骤3：理解信息的独特含义

“理解信息”是随时随地可以进行的训练，因此我们要养成习惯，让自己每天都做几次这样的训练，从中发现独特的含义。

该训练要求你在看到某一个信息时，尽可能读出其中的含义并写出来，或者是你乘车、走路时，思考出几个相关的条目。

例如，从“物流司机人手不足”这个信息中，我们不仅能想到“物流或网购的配送费会涨价”“配送的时限范围会扩大”等可能性，还要能写出其他的各种可能性，如“能代收快件的便利店会变多”“运用‘自行存’进行超近距离的配送”“加速研发自动驾驶技术”“每周一次的定时配送制度会更普遍”等。

从事物流的企业，会为商业客户提供大量物流服务，他们各自的业绩和员工会受到什么样的影响？还有“物流业的人才竞争，会导致其他行业人手不足的情况更加严重”“这对整个运输业带来的影响，以及其最终对物流网络带来的影响”等，我们可以从中读出与行业、领域相关的更多意义。

理解信息的重点不在于对或错，而是作为一种训练，让我们从一个信息中得出更加多样化、不同于他人的独特含义。不仅如此，这也是让大家掌握独立思考能力的一项重要练习。

有效利用外部资源协同合作

在此前的几章内容里都反复强调过，“有志者事竟成”思维并非要求你凭一己之力去做事，而是要最大限度地利用好外部的协作，这才是达成高目标的大前提。一定要有效地利用好他人所掌握的信息、经验、技能、能力、资产、人脉网络等。

若仅凭你一人之力也许最多只能做到100分，但是通过借助他人的力量，能得到的结果就会是150分甚至是200分。

往往能力越强的人，越容易表现出对合作“敬而远之”的倾向。因为他们自负地认为即使不借助外力，自己也能做得足够好。此外，他们还存在着“借助他人的力量＝自己的能力不足”这样的误解。

但是，无论能力多么强的人，如果拒绝与他人协作，都意味着会损失很多机会。“协同合作”往往比单打独斗的效果更大更好。总之，不管我们自身能力如何，良好的协作都能产生超出一己之力的价值。

协作不是要找出自己的弱点，而是要将自己的优势转化成最大的价值，而良好的协作本身，就是我们身上一种非常重要的能力。在这一点上，我希望那些优秀的人和自信满满的人都能稍稍转变自己的看法。

还有一个重要的内容就是“协作也是一种相互的关系”。

“协同合作”并不是说我们要完全依赖他人的力量，而是我们以自身拥有的独特能力与资产为前提，结合外部力量，使最终效果或价值成倍地增加。

为了最大限度地利用好“协作”的形式，我们自身就要有值得他人寻求协作的能力，并且当他人来拜托时也要能马上提供帮助。这样一来，我们才能扩大自己获得协作的对象范围和机会。总是只向他人寻求协作或只给他人提供协作，这都是不可取的。

积极相互地协同合作，这是“有志者事竟成”思维所要求的一个重要环节。

行动的多样化，可以促进思维的多样化

我们在重视“心”（思维模式、心态）与“头”（思考）的同时，也要注重“身体”的执行力。其关键就在于“行动的多样化”，也就是说，我们要适时地将各种类型的行为进行组合。

人们往往会陷入相同的行为模式中，就像一个事先决定好的计划表，人们总是做自己喜欢的、擅长的、令自己轻松的事情。

例如，喜欢与人交谈并且擅长交流的销售员，常常只会去拜访熟络的老客户，因为那样会比较容易交流；反之，那些喜欢一个人反复思考问题的销售员，会选择独自坐在电脑前分析数据或制作企划书。喜欢讨论的人，无论什么事情都会立刻召集同事开会讨论；喜欢工厂或店铺这样一线现场的人中，有人连休息日都会去现场加班，但又苦于没有明确的目的，所以无法输出具体的思考内容。

这些习惯性的行为，对我们来说都类似于一种“轻松的套路”，如果我们不有意识地将其打破，就不可能达成高目标或解决难题。

因此，我们要有清晰的意识与决意，在不同的场合运用各种方式，尝试各种时间分配方法。我们不仅要扩大行动的范围，也要扩大视野、人脉网络以及搜集信息的范围，同时，我们自身的兴趣点与想法也会随之进一步扩大。

接下来，比较重要的事情就是“自己的主动”。切记，不要只从别人那里获得二手信息，而是要用自己的眼睛和耳朵搜集信息。当你想询问某个人的情况时，不是将其唤来，而是你前去看望。即使是关系已经熟络到招之即来的客户，你也要亲自登门拜访。

实际上，只有真正进入那个部门或那家公司，你才能接触到第一手信息。除了工厂、店铺以外，销售、管理、人事等也都是非常重要的一手信息来源。这些都能给你带来从他人制作的材料或数据上体会不到的现场感、临场感，以及给你的大脑带来很强的刺激感。此外，我们主动去做这些事，也会让心态和思考变得更加成熟。

为了让行动更加多样化，我们可以定期地对自己的日常安排进行检查。这里推荐的方法是，按照自己行动的类型标注不同的颜色区分自己的日程安排，如“制作文件＝蓝色”“外出＝粉色”“开会＝黄色”“调研＝红色”。

这样做的结果就是，你要注意不能只偏向某一种颜色，或每周都执行同样的行为。

“蓝色太多了啊，最近红色都不见了。”

“每周的前半段以黄色为主，后半段则都是粉色。”

当你发现这些倾向后，从下周或下个月开始，就要有意识地调整这种行为模式，让自己的日程表变得更加“丰富多彩”。

多样化的行动，一定会让你的思维和想法也变得多样化起来。

后记

相信新的可能性

我曾经做过25年的企业经营顾问，之后又帮助一些行业公司制订经营战略和中长期规划，因此，“思考”在我的工作中占有很大的比重。

可以说，在我30年的职业生涯中有很多的机会去思考“如何思考”。这些年，我对于什么才是“思考”过程中最重要的内容，在认识上也有了很大的变化。

曾有一段时期，我追求的是精致的理论或牢不可破的逻辑；还有一段时期，我将“思考”等同于“体力”，认为“要对身体和大脑进行物理性的锻炼”。我还曾经认为自己不擅长的“创造性想法”才是最重要的，虽然也尝试过针对性的训练，但最终还是没能掌握。在我职业生涯的每一个阶段，我都认真想过各种有关“思考”和“思考能力”的事情，可以说一直在做着艰苦的练习。

基于多年从事企业顾问的经验，我开始认识到“思考”最重要的内容其实是“与众不同”。那种能推导出好结果的思维，都是首先从对“思考”本身抱有兴趣开始的。之后，再让这一思维逐渐强化，变成自信和信念。我觉得这和“挑衅”一词很相近，所以就写了一本书，名为《挑衅性思维：带着兴趣思考》。

就像体育运动或艺术一样，一个人要对“思考”本身抱有兴趣，要相信无论面对如何艰难的挑战，最终都能够达成目标。如果做不到这一点，那么这个人肯定做不出了不起的成就（结果）。对高品质和价值创造的不懈追求，是超越行业领域的普遍真理。这么想来，也就不是那么不可思议了。

《挑衅性思维：带着兴趣思考》这本书出版后，已经又过去了很长时间。在这期间出现了“数字化”和“国际社会环境复杂化”等一系列令人难以捉摸和预测的各种变化，商业环境中所面临的“困难程度”也在不断地增大。从日本社会环境来看，少子化/高龄化问题、持续的通货紧缩问题、地区间差异、劳动力不足等一些制约因素和难题接踵而至。在这样的大环境中，如果有人再强调“要设定较高的目标”“要相信可能性”，最后却收到反馈，诸如“饶了我吧”，也是无可厚非的吧。因为，我们只把目光放到了困难和障碍的身上。

但另一方面，随着以IoT、数字化为首的技术革新、新一代创业者的出现，还有超越传统经济价值的、以“可持续性”和“多样化”为代表的价值观的普及等，可以说孕育这些了不起内容的环境也正在不断扩大着。

虽然，从低视角来看，这是一个“困难”的时代，但以高视角来看的话，这不也是一个充满“可能性”的时代吗？

虽然我们也常说自己是“永远年轻”“永远活跃”的一代，但“追求可能性”这件事仍是年轻人的特权与技能。不管怎么说，在现实环境中，我们眼前仍有许多制约与困难，所以难免会陷入“艰难”“办不到”“没有希望”的想法中。

我们必须打破这一思维定式，在我看来，这是我们这一代与下一代共同的责任。

带着这样的心情，相信可能性并对追求的过程抱有兴趣，我在这本书中将这种心态归纳为“有志者事竟成”思维。也可以说是上一本书的进化版，即配合整个时代的大环境变化，对“挑衅性思维”的方法论做适当的解说。本书中，我列举了4名30岁左右的商务人士的案例，希望能给年轻人提供实践的参考。

请务必相信各种可能性，并对追求的过程抱有兴趣。为此，我们要让心、头、体各方面都变得更加成熟。各位读者如果赞同这一想法并亲自实践，我将会感到非常高兴，至少本书已经给你带来了帮助。

最后，我要向为本书的撰写和出版提供大力帮助的人表示由衷的感谢。

并且，我希望刚刚成年的儿子，未来能成长为“相信可能性的年轻人”。因此，我也想将这本书献给他。

2017年11月

山梨广一

图书在版编目（CIP）数据

逻辑思维极简工作法：麦肯锡教你快速解决难题 /（日）山梨广一著；金磊译. —北京：中国友谊出版公司，2019.11（2020.12重印）

ISBN 978-7-5057-4658-9

Ⅰ.①逻… Ⅱ.①山… ②金… Ⅲ.①思维方法 Ⅳ.①B804

中国版本图书馆CIP数据核字（2019）第057146号

著作权合同登记号 图字：01-2020-2705

书名 逻辑思维极简工作法：麦肯锡教你快速解决难题

作者 〔日〕山梨广一

译者 金 磊

出版 中国友谊出版公司

发行 中国友谊出版公司

经销 新华书店

印刷 北京盛通印刷股份有限公司

规格 700×980毫米 16开

13印张 140千字

版次 2020年7月第1版

印次 2020年12月第2次印刷

书号 ISBN 978-7-5057-4658-9

定价 45.00元

地址 北京市朝阳区西坝河南里17号楼

邮编 100028

电话 （010）64678009

如发现图书质量问题，可联系调换。质量投诉电话：010-82069336